FANGSHENG JIQIYU JICHU

仿生机器鱼基础

主 编 顾 涵 邵志晨

副主编 夏金威 刘玉申

徐 健 李 乔

苏州大学出版社

Soochow University Press

图书在版编目(CIP)数据

仿生机器鱼基础 / 顾涵，邵志晨主编. —— 苏州 ：苏州大学出版社，2024.5
ISBN 978-7-5672-4798-7

Ⅰ. ①仿… Ⅱ. ①顾… ②邵… Ⅲ. ①仿生机器人-海洋机器人-运动竞赛 Ⅳ. ①TP242

中国国家版本馆 CIP 数据核字(2024)第 097954 号

书　　名：仿生机器鱼基础

主　　编：顾　涵　邵志晨
责任编辑：吴昌兴
装帧设计：刘　俊

出版发行：苏州大学出版社(Soochow University Press)
社　　址：苏州市十梓街 1 号　**邮编**：215006
印　　刷：镇江文苑制版印刷有限责任公司
邮购热线：0512-67480030
销售热线：0512-67481020

开　　本：718 mm×1 000 mm　1/16　**印张**：8　**字数**：144 千
版　　次：2024 年 5 月第 1 版
印　　次：2024 年 5 月第 1 次印刷
书　　号：ISBN 978-7-5672-4798-7
定　　价：29.00 元

图书若有印装错误，本社负责调换
苏州大学出版社营销部　电话：0512-67481020
苏州大学出版社网址　http://www.sudapress.com
苏州大学出版社邮箱　sdcbs@suda.edu.cn

前言

PREFACE

本书在学生已学电路分析基础、模拟电子技术、数字电子技术和电声学知识的基础上，综合运用已有理论知识，介绍了仿生机器鱼的设计、硬件安装和调试。通过实践训练，学生可以进一步理解电子技术和声学技术的理论知识，掌握电子仪器仪表的使用方法，培养分析问题和解决问题的能力。

本书共六章，分别为声学基础、电子技术基础、仿生机器鱼平台概述、仿生机器鱼控制函数、仿生机器鱼平台操作和仿生机器鱼应用场景。

本书的主要特色如下：

（1）因材施教，实用性强

本书具有较强的实用性，在内容选取上充分考虑到学生的实际水平和教师的教学需要。本书既介绍了仿生机器鱼开发的任务要求，又介绍了仿生机器鱼的结构及相关软硬件设计原理，对学生具有较强的指导作用；同时，对设计指标也给出了较宽的范围，增强了设计实现的灵活性，不仅有利于不同层次的学生进行学习与实践，而且有利于教师根据各自不同的教学要求安排教学内容，实现因材施教。

（2）“软硬”结合，注重能力培养

利用 Keil 软件，通过对仿生机器鱼平台的主要功能进行开发并分析实例，学生不仅可以学会使用程序开发软件，而且可以深入了解微控制器基础、信号传输、元器件参数对电路性能的影响。在利用软件对电路进行辅助设计时,通过实验操作和硬件安装、调试,学生能够进一步积累实践经验、提高实验能力、明晰工程应用的特点。

(3) 结构灵活,系统性强

书中各章的编排既相互独立,又相互联系,有利于电子技术实践教学的组织和学生工程实践能力的培养。本书还具有较强的系统性,实践内容由浅入深,使学生循序渐进地掌握仿生机器鱼设计的全过程。

本书第1～4章由顾涵、邵志晨共同编写,第5～6章由夏金威、刘玉申、徐健、李乔共同编写。全书由李乔负责统稿工作。

本书在编写过程中引用了国内外许多专家、学者的已有研究成果,重点参考了博雅工道(北京)机器人科技有限公司编的 ROBOLAB-EDU 指导书。在此,我们对书中所引用参考资料的作者表示衷心感谢。

由于编者水平有限,加之时间仓促,同时电子信息学科的发展极为迅猛,知识更新较快,书中可能有疏漏和不妥之处,敬请广大读者和专家批评指正。

编　者

2024年2月

目录 Contents

第 1 章　声学基础　/1

1.1　声波的产生　/3

1.2　声波的基本类型及相关物理量　/3

1.3　声波的反射、透射、折射和衍射　/5

1.4　级的概念　/8

1.5　声波在传播中的衰减　/10

1.6　声源的辐射　/12

第 2 章　电子技术基础　/17

2.1　常规元器件　/19

2.2　常用材料和工具　/48

2.3　数字万用表　/54

2.4　函数信号发生器　/58

2.5　电子示波器　/59

2.6　直流稳压电源　/61

第 3 章　仿生机器鱼平台概述　/65

3.1　仿生机器鱼整体硬件架构　/67

3.2　仿生机器鱼组件　/71

第 4 章　仿生机器鱼控制函数　/79

4.1　仿生机器鱼函数开发基础　/81
4.2　仿生机器鱼上位机使用　/92

第 5 章　仿生机器鱼平台操作　/99

5.1　Keil5 软件安装　/101
5.2　J-Link 驱动安装　/106
5.3　仿生机器鱼程序下载　/108
5.4　仿生机器鱼舵机调参　/110

第 6 章　仿生机器鱼应用场景　/115

6.1　仿生机器鱼综合设计　/117
6.2　教学与科研应用场景　/119
6.3　综合开发技术参数　/119
6.4　开发平台故障分析　/120

参考文献　/122

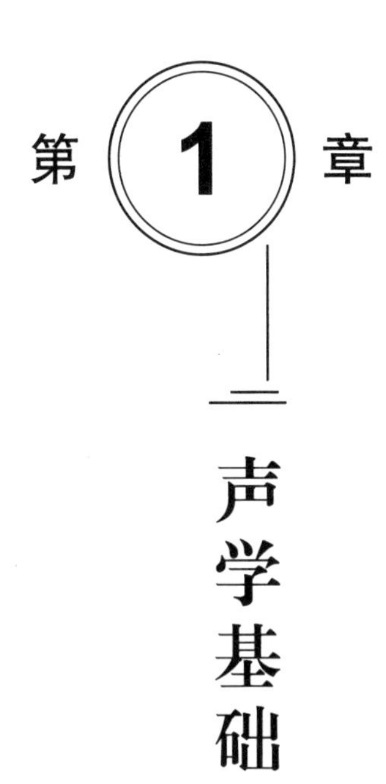

第1章 声学基础

在日常生活中存在各种各样的声音。例如,人们的交谈声、汽车的喇叭声、机器的运转声、乐器的演奏声等。在工业生产、建筑施工、交通运输和社会生活中产生的干扰周围生活环境的声音,就是噪声。为了对噪声进行测量、分析、研究和控制,需要了解声音的基本特性。本章主要介绍声波的基本性质及其传播规律。

1.1　声波的产生

声音是由物体的振动产生的。一切发声的物体都在振动。物理学中，把正在发声的物体称为声源。从物体的形态来分，声源可分成固体声源、液体声源和气体声源等。如果你用手指轻轻触及被敲击的鼓面，就能感觉到鼓膜的振动。所谓声源的振动，就是物体(或质点)在其平衡位置附近进行往复运动。当声源振动时，就会引起声源周围空气分子的振动。这些振动的分子又会使其周围的空气分子产生振动。这样，声源产生的振动就以声波的形式向外传播。声波不仅可以在空气中传播，而且可以在液体和固体中传播。但是，声波不能在真空中传播，这是因为真空中不存在能够产生振动的介质。根据传播介质的不同，可以将声分成空气声、水声和固体(结构)声等类型。

在空气中，声波是一种纵波，这时介质质点的振动方向与声波的传播方向一致。而将质点的振动方向与声波的传播方向相互垂直的波称为横波。在固体和液体中既可能存在纵波，也可能存在横波。

需要注意，声波是通过相邻质点间的动量传递来传播能量的，而不是由物质的迁移来传播能量的。例如，若向水中投掷小石块，可以看到一圈一圈的水波向四周散去，但是水质点(或水中的漂浮物)只是在原来的平衡位置处上下运动，并不向外移动。

1.2　声波的基本类型及相关物理量

1. 平面声波

当声波的波阵面是垂直于传播方向的一系列平面时，就称其为平面声波。所谓波阵面，是指空间同一时刻相位相同的各点的轨迹。若将振动活塞置于均匀直管的始端，管道的另一端伸向无穷远，当活塞在平衡位置附近做小振幅的往复运动时，在管内同一截面上各质点将同时受到压缩或扩疏，且具有相同的振幅和相位，这就是平面声波。声波传播时处于最前沿的波阵面称为波前。通常，可以将各种远离声源的声波近似地看成平面声波。平面声波在数学上的处理比较简单，可视为一维问题。通过对平面声波的详细分析，可以了解声波的许多基本性质。

2. 球面声波、柱面声波

当声源的几何尺寸比声波的波长小得多或者测量点离声源相当远时，则可以将声源看成一个点，称为点声源。在各向同性的均匀介质中，从一个表面同步胀缩的点声源发出的声波是球面声波。球面声波的一个重要特点是振幅随传播距离的增加而减少，二者成反比关系。波阵面是同轴圆柱面的声波称为柱面声波，其声源一般可视为线声源。

平面声波、球面声波和柱面声波都是声波常见的类型。在具体应用时，可对实际条件进行合理近似。例如，可以将一列火车或公路上一长串首尾相接的汽车看成不相干的线声源（柱面声源），将大面积墙面发出的低频声波视作平面声波等。

3. 声线

除了用波阵面来描绘声波的传播外，也常用声线来描绘声波的传播。声线常称为声射线。声线就是自声源发出的代表能量传播方向的直线，在各向同性的介质中，声线就是代表波的传播方向且处处与波阵面垂直的直线。

平面声波的传播方向总保持一个恒定方向，声线为相互平行的一系列直线。当声波频率较高，传播过程中遇到的物体的几何尺寸比声波波长大很多时，可以忽略声波的波动特性，直接用声线来加以处理，其分析方法与几何光学中的光线法非常相似。

4. 声能量、声强、声功率

声波在介质中传播，一方面使介质质点在平衡位置附近往复运动，产生动能；另一方面又使介质不断地压缩或扩张，产生形变势能。这两部分能量之和就是声波传播使介质具有的声能量。

空间中存在声波的区域称为声场。声场中某点处，与质点速度方向垂直的单位面积上在单位时间内通过的声能称为声强，它是一个矢量。

声源在单位时间内发射的总能量称为声功率。

1.3 声波的反射、透射、折射和衍射

当声波在空间传播遇到各种障碍物或介质界面时，依据障碍物的形状和大小，会产生反射、透射、折射和衍射。声波的这些特性与光波十分相似。

1. 垂直入射声波的反射和透射

当声波入射到两种介质的界面时，一部分会经界面反射返回原来的介质中，该部分声波称为反射声波；另一部分将进入另一种介质中，成为透射声波。

2. 斜入射声波的入射、反射和折射

当平面声波斜入射到两种介质的界面时，情况更为复杂。如图 1.3.1 所示，入射声波 p_i 与界面法向成 θ_i 角入射到界面上，这时反射波 p_r 与法向成 θ_r 角。在介质Ⅱ中，透射声波 p_t 与法向成 θ_t 角，透射声波与入射声波不再保持同一传播方向，形成声波的折射。

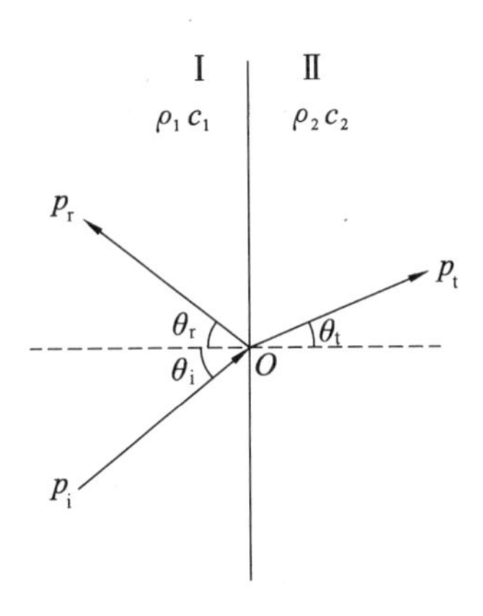

图 1.3.1　声波的折射

这时，入射声波、反射声波与折射声波的传播方向应满足斯涅耳(Snell)定律，即

$$\frac{\sin\theta_i}{c_1}=\frac{\sin\theta_r}{c_1}=\frac{\sin\theta_t}{c_2} \tag{1.3.1}$$

反射定律：入射角等于反射角，即

$$\theta_i = \theta_r \tag{1.3.2}$$

折射定律:入射角的正弦与折射角的正弦之比等于两种介质中的声速之比,即

$$\frac{\sin\theta_i}{\sin\theta_t} = \frac{c_1}{c_2} \tag{1.3.3}$$

这表明,若两种介质的声速不同,则声波从介质Ⅰ传入介质Ⅱ中方向就要改变。当$c_2 > c_1$时会存在某个θ_i值,$\theta_{ie} = \arcsin(c_1/c_2)$使得$\theta_r = \pi/2$,即当声波以大于$\theta_{ie}$的入射角入射时,声波不能进入介质Ⅱ中,从而形成声波的全反射。

关于入射声波、反射声波及折射声波的振幅之间的关系,仍可根据界面上的边界条件求得。在边界面上,两边的声压与法向质点速度(垂直于界面的质点速度分量)应连续,即

$$p_i + p_r = p_t$$

$$u_i\cos\theta_i + u_r\cos\theta_r = u_t\cos\theta_t$$

于是,可以得到反射系数和折射系数:

$$r_p = \frac{p_r}{p_i} = \frac{\rho_2 c_2\cos\theta_i - \rho_1 c_1\cos\theta_t}{\rho_2 c_2\cos\theta_i + \rho_1 c_1\cos\theta_t} \tag{1.3.4}$$

$$\tau_p = \frac{p_t}{p_i} = \frac{2\rho_2 c_2\cos\theta_i}{\rho_2 c_2\cos\theta_i + \rho_1 c_1\cos\theta_t} \tag{1.3.5}$$

通常,将入射声波在界面上失去的声能(主要是透射到介质Ⅱ中的声能)与入射声能之比称为吸声系数α。由于能量与声压平方成正比,故有

$$\alpha = 1 - |r_p|^2 \tag{1.3.6}$$

由于r_p的数值与入射方向有关,因此α也与入射方向有关。所以在给出界面的吸声系数时,需要注明是垂直入射吸声系数,还是无规入射吸声系数。

3. *声波的散射与衍射*

如果障碍物的表面很粗糙(也就是表面的起伏程度与波长相当),或者障碍物的大小与波长差不多,入射声波就会向各个方向散射。这时障碍物周围的声场是由入射声波和散射声波叠加而成的。

散射声波的波形十分复杂,既与障碍物的形状有关,又与入射声波的频率密切相关。由于总声场是由入射声波与散射声波叠加而成的,因此对于低频情况,在障碍物背面散射声波很弱,总声场基本上等于入射声波,即入射声波能够绕过障碍物传到其背面形成声波的衍射。声波的衍射现象不仅在障碍物比波长小时存在,即使障碍物很大,在障碍物边缘也会出现声波衍射。波长越长,这种现象

就越明显。例如，路边的防噪声屏障不能将声音(特别是低频声)完全隔绝，就是由于声波的衍射效应。

4. 声像

当声波的频率较高，传播过程中遇到的物体的几何尺寸相对声波波长大很多时，常可暂时忽略声波的波动特性，直接用声线来讨论声音传播问题，这与几何光学中用光线来处理问题十分相似。如图 1.3.2 所示，一个点声源 S 位于一个相当大的墙面附近，在空间 R 点的总声压为两者的叠加。若将墙面看成无限大的刚性壁面，对入射声波做完全的刚性反射，反射声波就可看成从一个虚声源 S' 发出的。刚性壁面的作用等效于产生一个虚声源，犹如光线在镜面的反射一样，这就是镜像原理。虚声源 S' 称为声源 S 的声像。

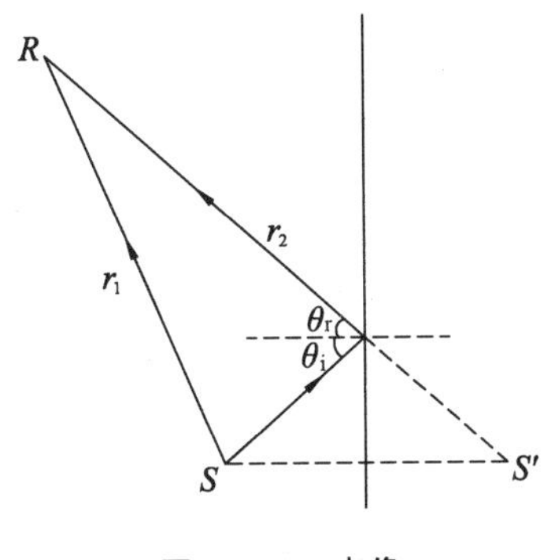

图 1.3.2　**声像**

在 R 点接收到的声波可由点声源 S 发出的球面波和虚声源 S' 发出的球面波之和求得，即

$$\begin{aligned} p &= p_d + p_r = p_S + p_{S'} \\ &= \frac{A}{r_1}\cos(\omega t - kr_1) + \frac{A}{r_2}\cos(\omega t - kr_2) \end{aligned} \tag{1.3.7}$$

式中，p_d 和 p_r 分别为直达声和反射声的声压，p_S 和 $p_{S'}$ 分别为点声源和虚声源的声压，A 为振幅，r_1 和 r_2 分别为 S 和 S' 到 R 点的距离。

当障碍物的几何尺寸远大于声波波长时，即对于高频声波，就可以应用声像法来处理反射问题。尤其是对一些不规则的反射面，用波动法难以处理，而用声像法却很简单。当反射面不是刚性界面时仍可引入虚声源 S'，只是虚声源 S' 的强度不等于实际声源 S 的强度，而需乘以复反射系数 r_p。

1.4 级的概念

日常生活中会遇到强弱不同的声音。这些声音强度的变化范围相当宽，人们正常说话的声功率约为 10^{-5} W，而强力火箭发射时的声功率高达 10^{9} W，两者相差14个数量级。对于如此宽泛的范围，直接使用声功率和声压的数值来表示很不方便。由于人耳对声音强度的感觉并不正比于强度的绝对值，而是与其对数值近似成正比，因此在声学中普遍使用对数标度。

1. 分贝的定义

由于对数的宗量是无量纲的，因此用对数标度时必须先选定基准量（或称参考量），然后对被量度量与基准量的比值求对数，这个对数值称为被量度量的“级”。若所取对数是以10为底，则级的单位为贝尔。由于贝尔的单位过大，故常将1贝尔分为10级，每一级的单位称为分贝(dB)。如果所取对数是以 e=2.718 28…为底，则级的单位称为奈培(Np)。奈培与分贝的关系为

$$1\ \text{Np}=8.686\ \text{dB}$$

2. 声压级、声强级和声功率级

(1) 声压级

声压级常用 L_{p} 表示，定义为

$$L_{\mathrm{p}}=10\lg\frac{p^2}{p_0^2}=20\lg\frac{p}{p_0}\qquad(\text{dB})\tag{1.4.1}$$

式中，p 为被量度的声压的有效值，p_0 为基准声压。规定空气中 $p_0=20\ \mu\text{Pa}$，即正常人耳刚能听到的1 000 Hz纯音的声压值。人耳的感觉特性，从刚能听到的 2×10^{-5} Pa到引起疼痛的20 Pa，两者相差100万倍。其变化范围用声压级表示为0～120 dB。一般人耳对声音强弱的分辨能力约为0.5 dB。

(2) 声强级

声强级常用 L_{I} 表示，定义为

$$L_{\mathrm{I}}=10\lg\frac{I}{I_0}\qquad(\text{dB})\tag{1.4.2}$$

式中，I 为被量度的声强，I_0 为基准声强。

在空气中，基准声强 I_0 取为 $10^{-12}\ \mathrm{W/m^2}$。对于空气中的平面声波，有

$$I=\frac{p^2}{\rho c}$$

则

$$L_I=10\lg\frac{I}{I_0}=10\lg\left[\left(\frac{p^2}{\rho c}\right)/I_0\right]=10\lg\frac{p^2}{p_0^2}+10\lg\frac{p_0^2}{\rho c I_0}$$

$$=L_p+10\lg\frac{400}{\rho c}=L_p+\Delta L_p$$

在一个标准大气压下，38.9 ℃空气的 $\rho c=400\ \mathrm{Pa\cdot s/m}$。因此，在这个条件下对于空气中传播的平面声波有 $L_I=L_p$。在一般情况下，ΔL 的值是很小的，例如，在一个标准大气压下，0 ℃空气的 $\rho c=428\ \mathrm{Pa\cdot s/m}$，$\Delta L=-0.29\ \mathrm{dB}$，20 ℃空气的 $\rho c=415\ \mathrm{Pa\cdot s/m}$，$\Delta L=-0.16\ \mathrm{dB}$。因此，对于空气中的平面声波，一般可以认为 $L_I\approx L_p$。

(3) 声功率级

声功率级常用 L_W 表示，定义为

$$L_W=10\lg\frac{W}{W_0}\qquad(\mathrm{dB})\tag{1.4.3}$$

式中，W 为被量度的声功率的平均值。对于空气介质，基准声功率 $W_0=10^{-12}\ \mathrm{W}$。

声强与声功率之间有如下关系

$$I=W/S$$

式中，S 为垂直于声波传播方向的面积。则有

$$L_I=10\lg\left(\frac{W}{S}\frac{1}{I_0}\right)=10\lg\left(\frac{W}{W_0}\frac{W_0}{I_0}\frac{1}{S}\right)$$

将 $W_0=10^{-12}\ \mathrm{W}$、$I_0=10^{-12}\ \mathrm{W/m^2}$ 代入上式可得

$$L_I=L_W-10\lg S\qquad(\mathrm{dB})\tag{1.4.4}$$

对于确定的声源，其声功率是不变的。但是，空间各处的声压级和声强级是会变化的。例如，由点声源发出的球面波，在离源点 r 处，球面面积 $S=4\pi r^2$，所以有

$$I=\frac{W}{4\pi r^2}$$

$$L_I=L_W-10\lg(4\pi r^2)=L_W-20\lg r-11\qquad(\mathrm{dB})\tag{1.4.5}$$

距离 r 增加 1 倍，声强级约减小 6 dB。当距离足够远时，有 $L_p\approx L_I$。

3. 级的"叠加"

由于级是对数量度，因此在求几个声源的共同效果时，不能简单地将各自产生的声压级数值进行算术求和，而是需要进行能量叠加。对于互不相干的多个噪声源，它们之间不会发生干涉现象。

4. 级的"相减"

在噪声测量时往往会受到外界噪声的干扰，例如，存在测试环境的背景噪声（或称本底噪声），这时用仪器测得某机器运行时的声压级是包括背景噪声在内的总声压级 L_{p_T}。那么就需要从总声压级中扣除机器停止运行时背景噪声的声压级 L_{p_B}，得到机器的真实噪声声压级 L_{p_s}，这就是级的"相减"。级的"叠加"和"相减"的实质是声能量的加减。因此，相应的公式不仅适用于声压级的计算，同样也适用于声强级和声功率级的计算。

1.5 声波在传播中的衰减

声波在传播过程中将产生反射、折射和衍射等现象，并在传播过程中引起衰减。这些衰减通常包括声能随距离的发散传播引起的衰减 A_d、空气吸收引起的衰减 A_a、地面吸收引起的衰减 A_g、屏障引起的衰减 A_b 和气象条件引起的衰减 A_m 等。总的衰减值 A 则是各种衰减的总和，即

$$A = A_d + A_a + A_g + A_b + A_m \tag{1.5.1}$$

1. 距离衰减

声波从声源向周围空间传播时会发散，最简单的情况是假设以声源为中心的球面对称地向各个方向辐射声能。对于这种无指向性的声波，声强 I 和声功率 W 之间存在的简单关系为

$$I = \frac{W}{4\pi r^2}$$

式中，r 为接收点与声源间的距离。

当声源置于刚性地面上时，声音只能向半空间辐射，半径为 r 的半球面的表面积为 $2\pi r^2$，因此对于半空间的接收点，有

$$I=\frac{W}{2\pi r^2}$$

可见,声强随着离开声源中心距离的增加,按反平方比的规律减小。

若用声压级来表示,可得 r 处的声压为

全空间:　$L_p=L_W-20\lg r-11$　(dB)　(1.5.2)

半空间:　$L_p=L_W-20\lg r-8$　(dB)　(1.5.3)

因此,从 r_1 处传播到 r_2 处时的发散衰减为

$$A_d=20\lg\frac{r_2}{r_1}\quad(\text{dB})\qquad(1.5.4)$$

在实际情况中,还应考虑声辐射的指向性。此外,应将公路上排列成串的车辆或长列火车等声源看成线声源,将厂房的大面积墙面和大型机器的振动外壳等看成面声源。关于线声源和面声源的辐射特性将在1.6节中介绍。

2. 空气吸收衰减

声波在空气中传播时,因空气的黏滞性和热传导,在压缩和膨胀过程中,使一部分声能转化为热能而损耗,这种吸收称为经典吸收。此外,声波在介质中传播时,还存在分子弛豫吸收。所谓弛豫吸收,是指空气分子转动或振动时存在固有频率,当声波的频率接近固有频率时会发生能量交换。能量交换的过程都有滞后现象,它使声速改变,声能被吸收。

3. 地面吸收衰减

当声波沿地面长距离传播时,会受到各种复杂的地面条件的影响。开阔的平地、大片的草地、灌木丛、丘陵、河谷等均会对声波传播产生附加衰减。

当地面是非刚性时,声波短距离(30～50 m)传播可忽略传播衰减,距离在70 m以上应考虑传播衰减。

声波在厚的草地上或穿过灌木丛传播时,在1 000 Hz时衰减较大,每百米可高达25 dB。附加衰减量的近似计算公式为

$$A_{g1}=(0.18\lg f-0.31)d\quad(\text{dB})\qquad(1.5.5)$$

式中,f 为频率,d 为以米(m)为单位的传播距离。

声波穿过树木或森林的传播实验表明,不同树林的衰减量相差很大,浓密的常绿树在1 000 Hz时每百米有23 dB的衰减,地面上稀疏的树木只有3 dB甚至更小的附加衰减。若对各种树木求一个平均的附加衰减,大致为

$$A_{g2}=0.01f^{1/3}d\quad(\text{dB})\qquad(1.5.6)$$

4. 声屏障衰减

当声源与接收点之间存在密实材料形成的障碍物时，会产生显著的附加衰减。这样的障碍物称为声屏障。声屏障可以是专门建造的墙或板，也可以是道路两旁的建筑物或低凹路面两侧的坡基等。

声波遇到屏障时会产生反射、透射和衍射三种传播现象。屏障的作用就是阻止直达声的传播，隔绝透射声并使衍射声有足够的衰减。

声屏障的附加衰减与声源及接收点相对屏障的位置、屏障的高度及结构，以及声波的频率密切相关。一般而言，屏障越高、声源及接收点离屏障越近、声波频率越高，声屏障的附加衰减越大。

5. 气象条件引起的衰减

雨、雪、雾等对声波的散射会引起声能衰减。但这种因素引起的衰减量很小，大约每 1 000 m 衰减不到 0.5 dB，因此可以忽略不计。

风速梯度和温度梯度对声波传播的影响很大。由于地面与运动空气存在摩擦，使靠近地面的风有一个梯度，从而使顺风和逆风传播的声速也有一个梯度。声速与温度有关。例如，在阳光照射的午后，在地面上方有显著的温度负梯度，使声速随高度的增加而减小，在夜间则相反。

风速梯度和温度梯度使地面上的声速分布发生变化，从而使声波沿地面传播时发生折射。当声波发生向上偏的折射时，就可能出现“声影区”，即直达声因折射传播不到的区域，声影区出现在上风的方向。这也可以解释晴天日间声波沿地面传播不远，而夜间可以传播很远的现象。

1.6 声源的辐射

声场中的声压大小、空间分布、时间特性、频率特性等都与声源的辐射性质密切相关。实际声源辐射的声波情况很复杂，要定量描述声场中声压与声源辐射特性之间的关系非常困难。这里仅介绍几种理想情况下的典型声源的辐射性质。借助这些知识可对实际声源辐射的声场进行定性的或半定量的分析。

1. 点声源

一个表面均匀胀缩的脉动球面声源，即其球面沿半径方向做同振幅、同相位的振动，则在离球心 r 处向外辐射的声压为

$$p=\frac{A}{r}\cos(\omega t-kr) \tag{1.6.1}$$

式中，A 为与球面的振动有关的量。在 r 处的质点沿 r 方向的振速为

$$u_r=\frac{1}{\rho c}\frac{A}{r}\sqrt{1+\left(\frac{1}{kr}\right)^2}\cos(\omega t-kr-\theta) \tag{1.6.2}$$

式中，$kr=\frac{1}{\tan\theta}$。假定脉动球面的振动速度为 $u_a=U\sin\omega t$，在脉动球表面处的质点速度 u_r 应等于球的振动速度，即由界面连续条件 $u_r|_{r=a}=u_a$ 有

$$\frac{A}{\rho ca}\sqrt{1+\left(\frac{1}{ka}\right)^2}\cos(\omega t-ka-\theta_a)=U_0\sin\omega t$$

当 $ka\ll 1$，即声波波长远大于声源的半径 a 时，$\theta_a=\arctan\frac{1}{ka}\approx\frac{\pi}{2}$，则

$$A=\rho cka^2U_0$$

代入声压的表示式(1.6.1)，并令 $Q=U_0S=4\pi a^2U_0$，得

$$p=\frac{\rho ck}{4\pi r}Q\cos(\omega t-kr) \tag{1.6.3}$$

式中，Q 为声源强度。对于其他非球面的声源，只要满足 $ka\ll 1$ 的条件，都可以认为是点声源。这里 a 为声源的线度。这时，声源的强度为

$$Q=\int_S U_S\,\mathrm{d}S$$

式中，U_S 为垂直于辐射面元 $\mathrm{d}S$ 的振动速度分量，Q 为由整个声源辐射面叠加得到的总声源强度。

2. 线声源

严格意义上的线声源是极少的，一列长火车、公路上首尾相接的长车队、长的输送管道等，都可以近似地看成线声源。每节车厢或每辆汽车各自发出互不相关的噪声，因而是不相干的线声源。对于空间某处，可以通过叠加各个不相干声源产生的声能量，求得总的声压级。

3. 面声源

假定各个点声源所辐射的声波是不相干的，因此其合成声压级可用能量叠加原理求出。

对于一个如图 1.6.1 所示的长方形无指向性的面声源，若单位面积的声功率为 W，则元声源的声功率 $\mathrm{d}W=W\mathrm{d}x\mathrm{d}y$，距离面声源为 d 的 P 点的声能量密度为

$$E=\int_{x_1}^{x_2}\int_{y_1}^{y_2}\frac{W\mathrm{d}x\mathrm{d}y}{2\pi r^2 c} \tag{1.6.4}$$

式中，c 为声速。若 W 均匀，可从积分号内提出。当 $x_1=y_1=0, x_2=a, y_2=b$ 时，式(1.6.4)可简化为

$$\begin{aligned}E&=\frac{W}{2\pi c}\int_0^a\int_0^b\frac{\mathrm{d}x\mathrm{d}y}{d^2+x^2+y^2}\\&=\frac{W}{2\pi c}\int_0^{\frac{a}{d}}\int_0^{\frac{b}{d}}\frac{\mathrm{d}x\mathrm{d}y}{1+x^2+y^2}\\&=\frac{W}{2\pi c}\Psi\end{aligned} \tag{1.6.5}$$

式中，

$$\Psi=\int_0^{\frac{a}{d}}\int_0^{\frac{b}{d}}\frac{\mathrm{d}x\mathrm{d}y}{1+x^2+y^2}$$

P 点的声压级为

$$L_{\mathrm{p}}=L_{\mathrm{W}}+10\lg\Psi-8 \tag{1.6.6}$$

式(1.6.5)、式(1.6.6)中的 Ψ 是与 a,b,d 有关的函数。

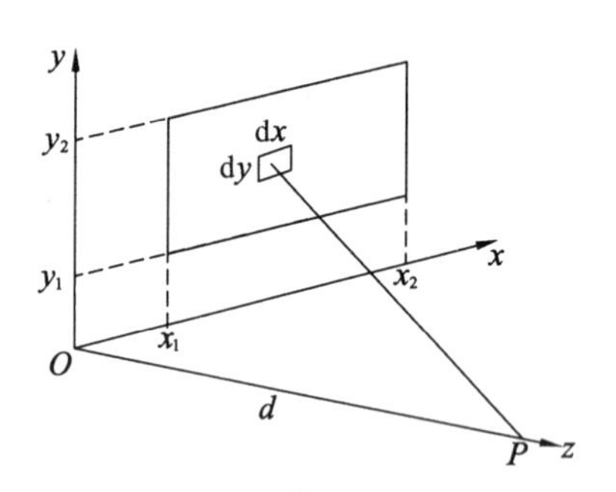

图 1.6.1　长方形面声源

特别需要注意的是，当各点声源之间存在严格的相位关系时，不能够再通过将空间某处各个声源产生的声能直接相加来求该处的总声能。例如，如图 1.6.2 所示，空间中相隔 l 的两个同相振动的点声源 S_1、S_2，它们在空间 R 处的声压应是两个点声源发出的声压之和。

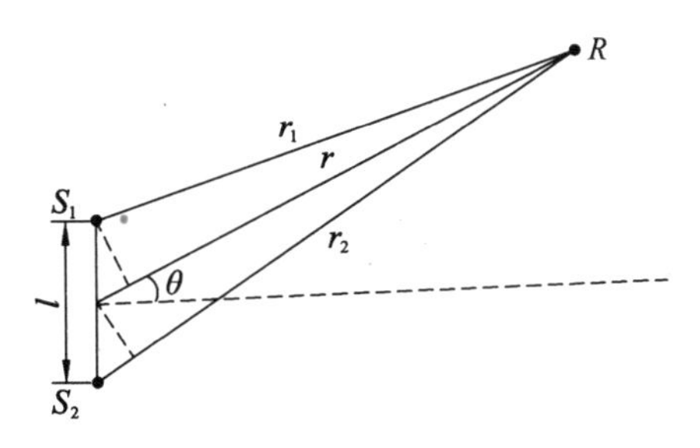

图 1.6.2　**两个同相振动的点声源**

从图 1.6.2 可知

$$r_1 \approx r - \frac{1}{2} l \sin\theta$$

所以有

$$p = \frac{\rho c k Q}{4\pi r} \cdot 2\cos\Delta \cdot \cos(\omega t - kr) \tag{1.6.7}$$

式中，$\Delta = \frac{1}{2} l \sin\theta$。所以同相振动的点声源的辐射指向性因数为

$$D(\theta) = |\cos k\Delta|^2 = \left|\frac{\sin 2k\Delta}{2\sin k\Delta}\right|^2 = \left|\frac{\sin(kl\sin\theta)}{2\sin\left(\frac{1}{2}kl\sin\theta\right)}\right|^2 \tag{1.6.8}$$

这是一个复杂的指向性分布，它与 kl 有关，即不仅与两个点声源的间隔距离有关，而且还与声波的频率有关。实际声源可以是多个点声源的组合。但是，不管声源的组合多么复杂，原则上都可求得它们的声场分布。

4. 声源的指向性

声源在自由空间中辐射声波时，其强度分布的一个主要特性是指向性。例如，飞机在空中飞行时，在它的前后、左右、上下各个方向等距离处测得的声压级是不相同的。

常用指向性因数 R_θ 来表征声源的指向性。在离声源中心相同距离处，测量球面上各点的声强，求得所有方向上的平均声强 $\bar{I}$，将某一 θ 方向上的声强 I_θ 与其相比就是该方向的指向性因数，即

$$R_\theta = \frac{I_\theta}{\bar{I}} \tag{1.6.9}$$

由于在自由空间中声强 I 与均方声压的平方值 p^2 之间存在对应关系，因此也可由 p^2 来直接计算 R_θ。

考虑到声源辐射的指向性，需要对声压级的计算公式进行适当修正。例如，对于全空间的点声源，其在某一 θ 方向上距离 r 处的声压级为

$$L_{p\theta}=L_W-20\lg r+DI-11 \quad (\text{dB}) \tag{1.6.10}$$

式中，DI 称为指向性指数，$DI=10\lg R_\theta$。

具有指向性的声源，其在空间各方向的辐射强度会有不同。但是在声源辐射的远场区，沿着某一确定方向从 r_1 传播到 r_2 时的衰减 A_d 仍可照旧计算。

此外，指向性因数或指向性指数通常是与频率相关的。因此，计算 $L_{p\theta}$ 时要分频段加以计算，然后再将各频段的声压级相加，求出总的声压级。只有当声功率频谱中某个频段的能量具有显著优势时，才可以用该频段的指向性来代表声源在整个频带中的指向性。

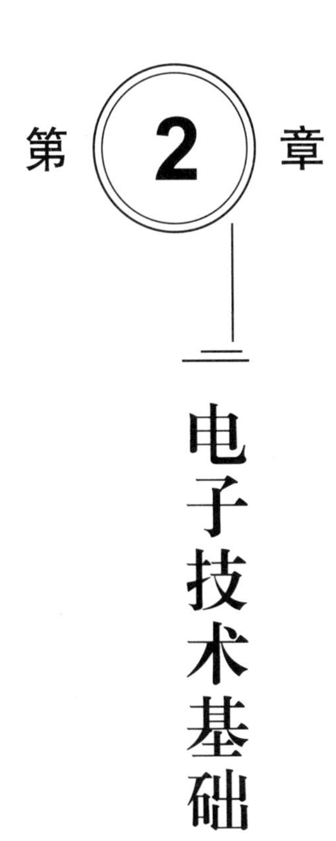

第2章 电子技术基础

本章将简要介绍仿生机器鱼设计过程中常用的元器件和材料，以及仪器、仪表的使用。这是开展仿生机器鱼控制系统设计的基础，学生需要提前掌握。不仅如此，掌握电子技术基础知识对于电学类相关专业学生而言也是必备的要求，这些知识对后期毕业设计的开展和今后的工作都有着重要的实际意义。

2.1 常规元器件

常规元器件包括电阻器、电容器、电位器、二极管、三极管等，其实物图及电气符号如图2.1.1所示。在实际应用中，我们需要了解常规元器件的基本规格和使用规范，掌握基本的使用方法。

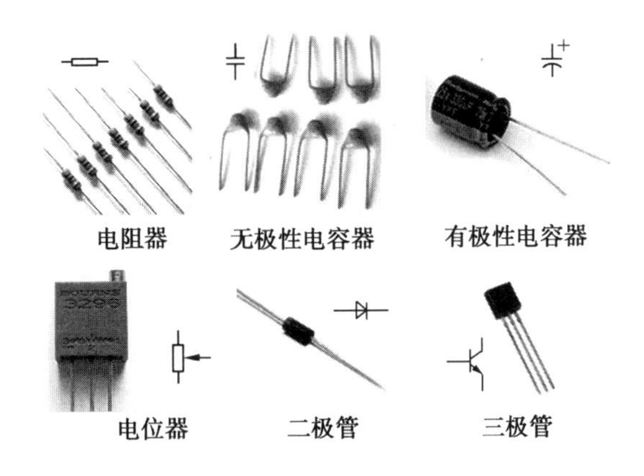

图2.1.1　常用元器件实物图及电气符号

2.1.1 电阻器和电位器

1. 电阻器概述

电阻器(Resistance)简称电阻，通常用“R”表示，是描述导体导电性能的物理量。当导体两端的电压一定时，电阻越大，通过的电流就越小；电阻越小，通过的电流就越大。因此，电阻的大小可以用来衡量导体对电流阻碍作用的强弱，即导电性能的好坏。电阻值与导体的材料、形状、体积及周围环境等因素有关。

电阻的基本单位是欧姆，简称欧，符号为Ω，其他单位有kΩ(千欧)、MΩ(兆欧)、GΩ(吉欧)等，且有如下换算关系：1 000 Ω＝1 kΩ，1 000 kΩ＝1 MΩ，1 000 MΩ＝1 GΩ。

电阻的电气性能指标通常有标称阻值、误差与额定功率等，应根据不同的电路环境，选用不同的电阻参数。

2. 电阻的种类

电阻可以用不同的材料制作，不同材料表现出的功率、耐压性、精度、温度系数等都不尽相同。常见的电阻有碳膜电阻、金属膜电阻、金属氧化膜电阻、金属玻璃釉膜电阻、线绕电阻、敏感电阻，此外还有排电阻、可调电阻等其他电阻。电阻材料及符号见表 2.1.1。

表 2.1.1 电阻材料及符号

材料	碳膜	金属膜	线绕	合成膜	金属氧化膜	沉积膜	有机实芯	金属玻璃釉膜	无机实芯
符号	T	J	X	H	Y	C	S	I	N

(1) 碳膜电阻(图 2.1.2)

碳膜电阻是使用最早、最普遍的电阻之一，其温度系数为负值，噪声大、精度等级低，但价格低廉，被广泛应用于要求不高的电路中。

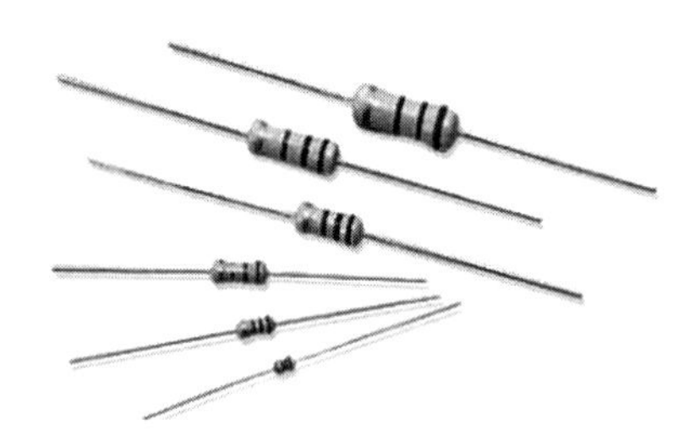

图 2.1.2 碳膜电阻

(2) 金属膜电阻(图 2.1.3)

金属膜电阻和碳膜电阻相比，体积小、噪声小、稳定性好、精度等级高，但价格比碳膜电阻稍贵，常用于要求较高的电路中，适合高频电路。

图 2.1.3 金属膜电阻

(3) 金属氧化膜电阻(图 2.1.4)

金属氧化膜电阻的外形与金属膜电阻相似,阻值范围较窄,在 1 Ω～200 kΩ 内有极好的高频脉冲过负载特性,机械性能好,化学性能稳定,但温度系数不如金属膜电阻。

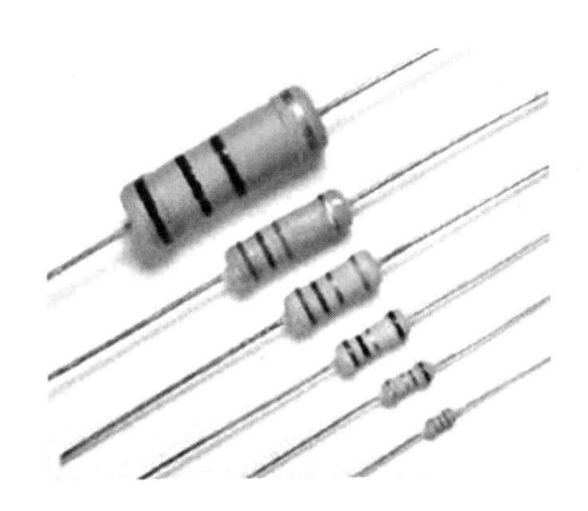

图 2.1.4 金属氧化膜电阻

(4) 金属玻璃釉膜电阻

金属玻璃釉膜电阻是将金属粉和玻璃釉粉混合,采用丝网印刷技术印在基板上,具有耐潮湿、耐高温、温度系数小的特性,主要应用于厚膜电路中。贴片电阻(图 2.1.5)是金属玻璃釉膜电阻的一种,电阻器表面覆釉,抗污染性强,耐潮湿,绝缘性能好,耐化学气体侵蚀,耐高温,温度系数小,可在恶劣环境下使用。贴片电阻可大大节约电路空间,使设计更精细化。

图 2.1.5 贴片电阻

(5) 线绕电阻(图 2.1.6)

线绕电阻可以制成精密型和功率型电阻,常在高精度或大功率电路中使用,但分布参数较大,不适合应用在高频电路中。

图 2.1.6　线绕电阻

水泥电阻(图 2.1.7)就是用水泥(耐火泥)灌封的电阻。水泥电阻是线绕电阻的一种,属于功率较大的电阻,能够允许较大的电流通过。水泥电阻具有外形尺寸较大、耐震、耐湿、耐热及良好的散热性、价格低等特性。

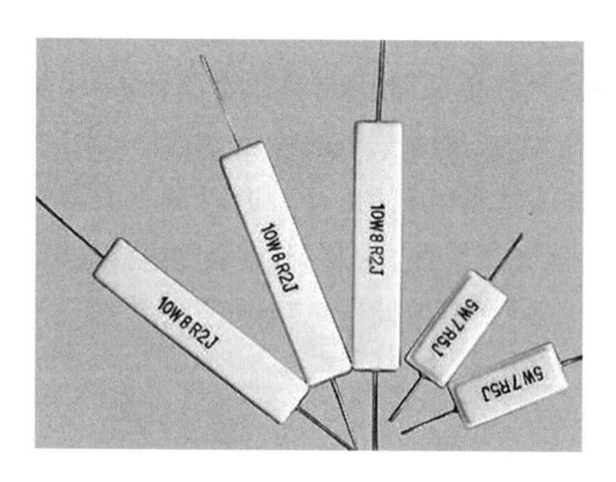

图 2.1.7　水泥电阻

(6) 敏感电阻(图 2.1.8)

敏感电阻一般作为传感器使用,主要用于检测光照、温度、湿度等物理量,通常有光敏、热敏、湿敏、压敏、气敏等不同类型的电阻形式。

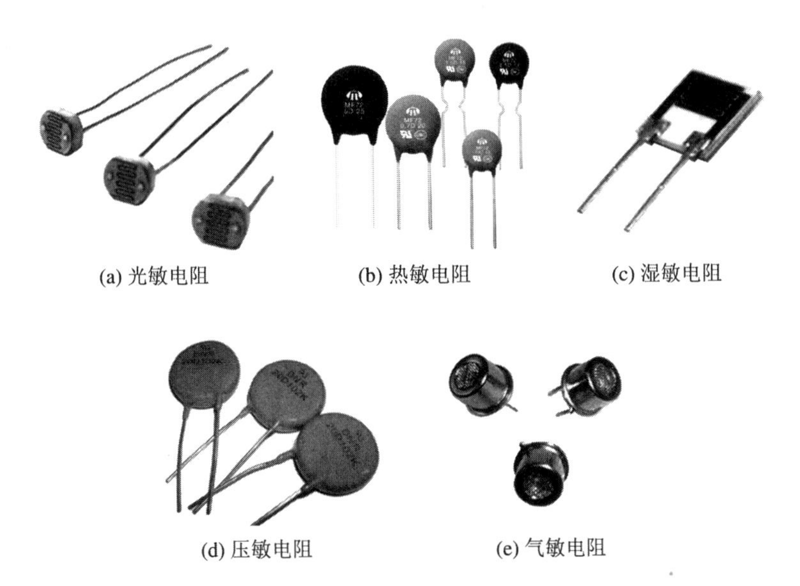

(a) 光敏电阻　(b) 热敏电阻　(c) 湿敏电阻

(d) 压敏电阻　(e) 气敏电阻

图 2.1.8　**敏感电阻种类**

3. 电阻器的标称值和允许误差

电阻器的标称值分为 E6、E12、E24、E48、E96 和 E192 六大系列，对应的允许误差分别为±20％、±10％、±5％、±2％、±1％和±0.5％。E6、E12、E24 属于普通型电阻系列，E48、E96、E192 为高精密电阻系列。本书中使用的电阻主要是 E24 或 E12 系列(表 2.1.2)。

表 2.1.2　电阻器、电位器、电容器的标称值

标称系列	允许误差	电阻器、电位器、电容器的标称值											
E12	±10％	1.0	1.2	1.5	1.8	2.2	2.7	3.3	3.9	4.7	5.6	6.8	8.2
E24	±5％	1.0	1.1	1.2	1.3	1.5	1.6	1.8	2.0	2.2	2.4	2.7	3.0
		3.3	3.6	3.9	4.3	4.7	5.1	5.6	6.2	6.8	7.5	8.2	9.1

在电阻器的参数标示时通常用字母表示允许误差(表 2.1.3)。

表 2.1.3　允许误差的字母表示

允许误差	±0.001%	±0.002%	±0.005%	±0.01%	±0.02%	±0.05%	±0.1%
符号	E	X	Y	H	U	W	B
允许误差	±0.2%	±0.5%	±1%	±2%	±5%	±10%	±20%
符号	C	D	F	G	J	K	M

4. 电阻器的功率

电阻器的功率规格可分为 1/16 W、1/8 W、1/4 W、1 W、2 W、5 W 等。设计电路时需要充分考虑该电阻的最大实际功率能达到多少，从而选择一个额定功率比这个最大实际功率还要大的电阻。

电阻器的功率可由体积识别，对于功率较大的电阻也可采用直接标示法。不同额定功率的电阻器在原理图中的符号如图 2.1.9 所示。

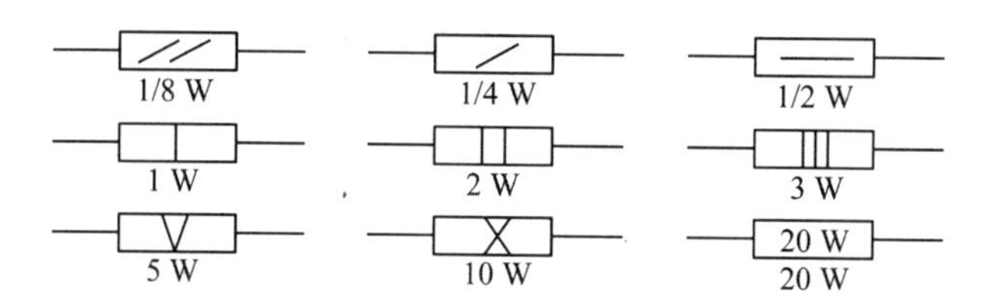

图 2.1.9　不同额定功率的电阻器在原理图中的符号

根据焦耳定律，电流通过电阻时会产生热量，电阻越大、电流越大、时间越长，电阻发热也就越厉害。设电阻的阻值为 R，通过电阻的电流为 I，根据公式 $P=I^2R$，如果该电阻的额定功率小于 P，那么在此工作条件下电阻就会被烧毁（图 2.1.10），表现为电阻焦黑、发臭，严重时甚至起火、爆炸。

图 2.1.10　被烧毁的电阻

出现烧毁电阻的情况，一般有以下两种可能：一是电阻选择不合理，其额定功率小于实际功率；二是电路突然出现故障，导致电阻上的电流激增而被烧毁。在实际电路的设计及连接中需要注意这两个问题。

5. 电阻器的参数标示

电阻器的标称阻值、误差与额定功率等，常以各种方法标记在电阻器上，像碳膜电阻、金属膜电阻、金属氧化膜电阻等，常使用色环对其阻值、误差进行标示，其他形式的电阻如贴片电阻、线绕电阻，常用文字或符号表示。额定功率在 2 W 以下的电阻器一般可由体积识别，额定功率在 2 W 以上的电阻器则使用文字符号进行直接标示。

(1) 色环表示法

电阻器上五颜六色的色环不是为了美观，而是具有特定的含义，即用来表示电阻器的阻值和允许误差。这种电阻即为色环电阻。色环电阻主要分为四色环电阻和五色环电阻(图 2.1.11)，高精密的电阻用五色环表示。另外，还有六色环电阻(比较少见)。

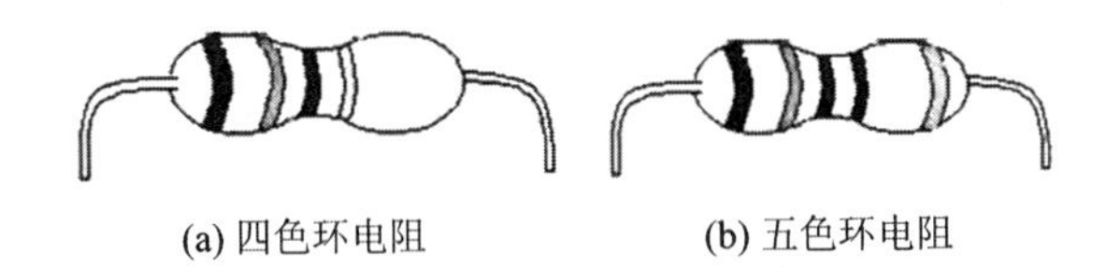

图 2.1.11　四色环电阻和五色环电阻

色环电阻用来表示阻值的颜色有黑、棕、红、橙、黄、绿、蓝、紫、灰、白，分别代表数字 0、1、2、3、4、5、6、7、8、9；另外还有金色和银色，分别表示允许误差为 ±5%和±10%。金色和银色仅作为最后一环，所以可以通过判断金色和银色的位置来确定色环的读取方向。

(2) 色环读数

四色环电阻就是指用四条色环表示阻值的电阻，从左向右数，第一道色环表示阻值的最大一位数字，第二道色环表示阻值的第二位数字，第三道色环表示阻值的倍乘数，第四道色环表示阻值的允许误差(精度)。

例如，一个电阻的第一环为棕色(代表 1)，第二环为黑色(代表 0)，第三环为棕色(代表 10 倍)，第四环为金色(代表 ±5%)，那么这个电阻的阻值应该是 10 Ω×10，阻值的允许误差为±5%。

五色环电阻就是指用五条色环表示阻值的电阻，从左向右数，第一道色环表示阻值的最大一位数字，第二道色环表示阻值的第二位数字，第三道色环表示阻值的第三位数字，第四道色环表示阻值的倍乘数，第五道色环表示阻值的允许误差。

例如，五色环电阻的第一环为红色（代表2），第二环为黑色（代表0），第三环为黑色（代表0），第四环为棕色（代表10倍），第五环为棕色（代表±1%），那么其阻值为200 Ω×10=2 000 Ω，阻值的允许误差为±1%。

用不同颜色表示电阻标称值和允许误差或其他参数时的色标符号规定见表2.1.4。值得注意的是，在读取色环时，金、银色环不作为第一色环，偏差色环会稍远离前面几个色环。在色环不易分辨的情况下，利用电阻标称值或者万用表对其进行识别。

表2.1.4　色标符号规定

色别	第一环	第二环	第三环	第四环	第五环
	第一位数	第二位数	第三位数	倍乘数	允许误差
棕	1	1	1	10	±1%
红	2	2	2	100	±2%
橙	3	3	3	1 k	—
黄	4	4	4	10 k	—
绿	5	5	5	100 k	±0.5%
蓝	6	6	6	1 M	±0.25%
紫	7	7	7	10 M	±0.1%
灰	8	8	8	100 M	—
白	9	9	9	1 G	—
黑	0	0	0	1	—
金	—	—	—	0.1	±5%
银	—	—	—	0.01	±10%
无色	—	—	—	—	±20%

（3）文字、符号表示法

对于贴片电阻、线绕电阻、大功率电阻，常直接用数字、字母、符号等形式表示，也有在电阻表面用具体数字、单位符号等直接表示。

① 数码表示。

贴片电阻主要有3位数表示法和4位数表示法(图2.1.12)。

(a) 3位数表示的贴片电阻

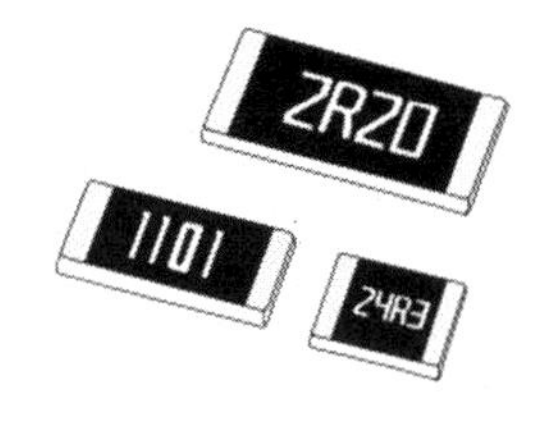

(b) 4位数表示的贴片电阻

图2.1.12　贴片电阻的标示

a. 3位数表示法。这种表示法的前2位数字代表电阻值的有效数字,第3位数字表示在有效数字后面应添加的"0"的个数。当电阻小于10 Ω时,在数码中用R表示电阻值小数点的位置。这种表示法通常用于阻值误差为±5%的电阻系列中。比如:330表示33 Ω,而不是330 Ω;221表示220 Ω;683表示68 000 Ω,即68 kΩ;105表示1 MΩ;6R2表示6.2 Ω;5.1 kΩ可以标为5K1。

b. 4位数表示法。这种表示法的前3位数字代表电阻值的有效数字,第4位表示在有效数字后面应添加的"0"的个数。当电阻小于10 Ω时,数码中仍用R表示电阻值小数点的位置。这种表示法通常用于阻值误差为±1%的精密电阻系列中。比如:0100表示10 Ω,而不是100 Ω;1 000表示100 Ω,而不是1 000 Ω;4992表示49 900 Ω,即49.9 kΩ;1473表示147 000 Ω,即147 kΩ;0R56表示0.56 Ω。

② 文字和符号表示。

一般来说,用文字和符号表示的电阻参数比较直观明了。下面以示例来说明文字和符号表示法。

水泥电阻10W1RJ(图2.1.13):10W表示额定功率,1R表示电阻,J表示允许误差±5%。

线绕电阻RX21-12W,100RJ(图2.1.14):R表示电阻,X表示线绕,2表示普通型,1表示序号,12W表示额定功率,100R表示阻值100 Ω,J表示允许误差±5%。

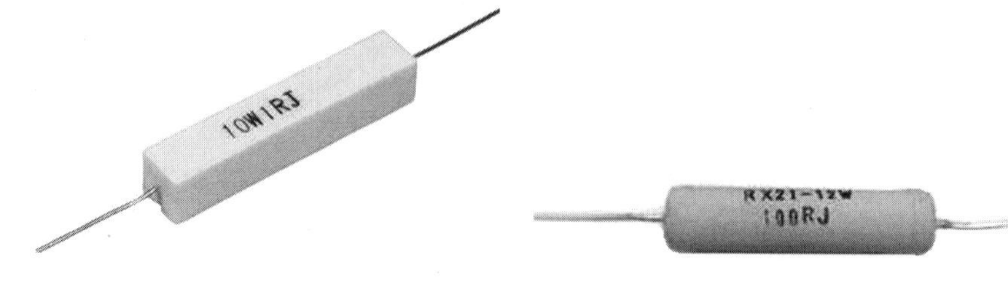

图 2.1.13　水泥电阻的标示　　　　图 2.1.14　线绕电阻的标示

6. 电位器

电位器是一种可调电阻，有两个固定端和一个滑动端，在滑动端与固定端之间的阻值可调。常见的是多圈可调玻璃釉电位器，安装形式有立式和卧式。

人们日常使用的调光灯、吊扇、收音机等设备上都能找到电位器。收音机的音量调节旋钮后面就是一个电位器，用手拧动旋钮就能改变收音机的音量大小。

在电路设计中，若需要用户在使用中参与调节电位器(如收音机中的音量调节)，则可用转轴式电位器[图 2.1.15(a)]，并把这些电位器设计在面板上，方便随时调节；若只是在电路调试时对某些电路参数进行调整，则可选择微调电位器[图 2.1.15(b)]。这些电位器大多直接焊接在电路板上，可使用小号的“一”字或“十”字螺丝刀进行调节，电路调试完毕后一般不再调整。

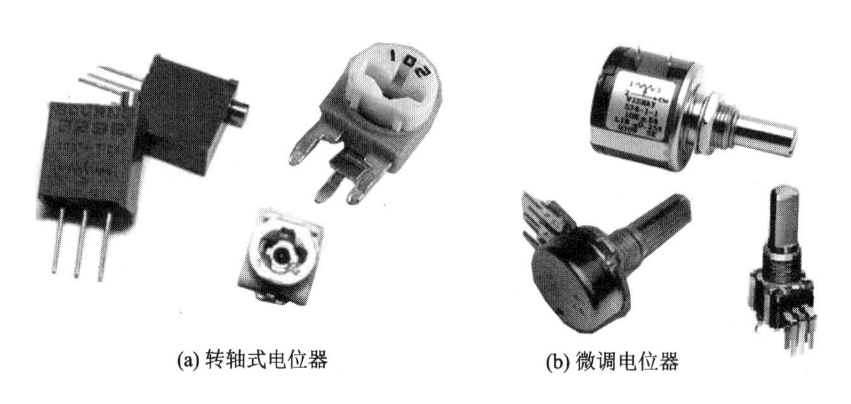

(a) 转轴式电位器　　　　(b) 微调电位器

图 2.1.15　常用电位器

在需要改变电阻的场合使用电位器非常方便，往往可以形成分压网络，如图 2.1.16 所示。

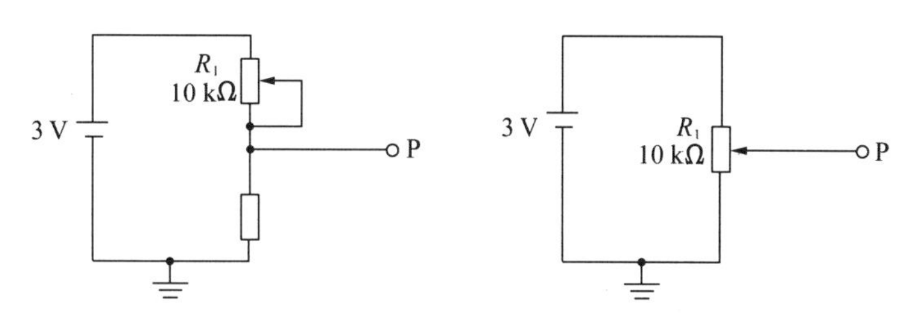

图 2.1.16 电位器的分压作用

2.1.2 电容器

1. 电容器概述

电容器(Capacitor,通常用"C"表示)是一种储能元件,简称电容。任何两个彼此绝缘且相隔很近的导体(包括导线)间都可以构成一个电容器,能够储藏电荷。电容是最常用的电子元件之一,被广泛应用于电路中的隔直通交、耦合、旁路、滤波、调谐回路、能量转换、控制等方面。常见的电容器如图 2.1.17 所示。

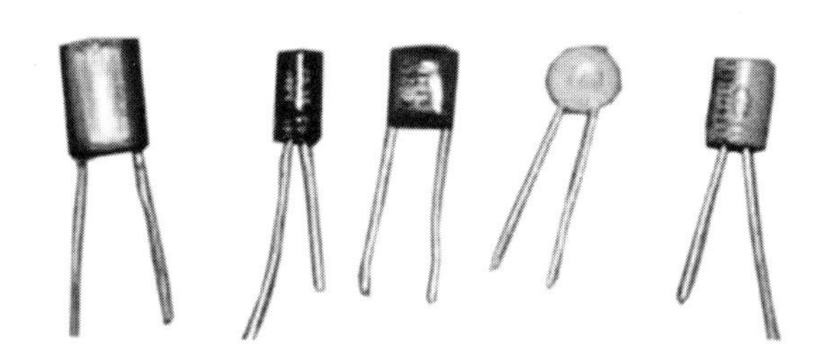

图 2.1.17 常见的电容器

电容的基本单位是法拉,简称法,用 F 表示。此外还有 mF(毫法)、μF(微法)、nF(纳法)、pF(皮法)。由于 1 F 表示的电容容量非常大,所以常见的电容单位是 μF、nF、pF,而不是 F。

2. 电容器的发展

1746 年,荷兰莱顿大学 P. 穆森布罗克在做电学实验时,无意中把一个带了电的钉子装进了玻璃瓶里。他以为要不了多久,铁钉上所带的电就会跑掉。过了一会,他想把钉子取出来,可当他一只手拿起桌上的瓶子,另一只手刚碰到钉子时,突然感到有一种电击式的振动。这到底是铁钉上的电没有跑掉呢,还是自己的神经太过敏感呢?于是,他又照着刚才的样子重复了好几次,每次的实验结果都和第一次一样。于是他非常高兴地得到一个结论:把带电的物体放在玻璃瓶里,电不会跑掉,这样就可把电储存起来。这个玻璃瓶也被称为"莱顿瓶"

(图 2.1.18),成为电容器的雏形。

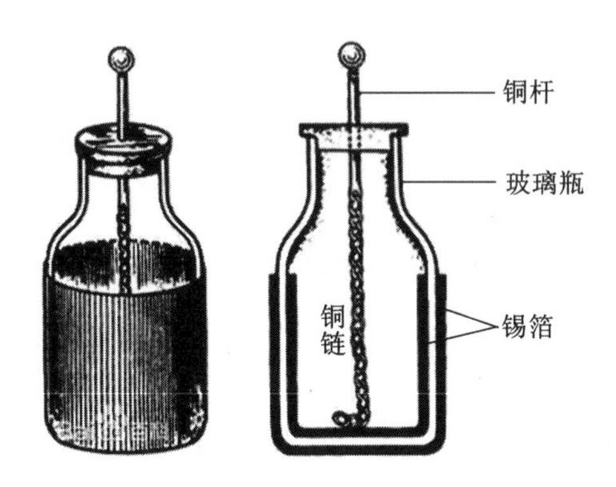

图 2.1.18 莱顿瓶

1874 年,德国的 M. 鲍尔发明了云母电容器。云母是一种天然的绝缘介质,介电常数大。云母很容易形成薄膜,使得电容器两端电极大大缩短。相较之前的电容器,云母电容器性能大大提高了。

1876 年,英国的 D. 菲茨杰拉德发明了纸介电容器。

1900 年,意大利的 L. 隆巴迪发明了陶瓷介质电容器。20 世纪 30 年代,人们发现在陶瓷中添加钛酸盐可使介电常数成倍增长,因而制造出比较便宜的陶瓷介质电容器。

1921 年,出现液体铝电解电容器。1938 年前后,改进为由多孔纸浸渍电糊的干式铝电解电容器。

1949 年,出现液体烧结钽电解电容器。1956 年,制成固体烧结钽电解电容器。

3. 电容器的种类

制作电容器的材料很多,常用的电容器按其介质材料可分为铝电解电容器、钽电解电容器、瓷片电容器、云母电容器、聚丙烯电容器、聚四氟乙烯电容器、聚苯乙烯电容器、独石电容器、涤纶电容器、可变电容器等。

另外,按电极分类,电容器主要可分为金属箔电容器、金属化电容器、由电介质构成负极的电介质电容器。按封装方式与引线方式分类,电容器主要可分为贴片电容器、轴向引线电容器、同向引线电容器、双列直插电容器、插脚式电容器、螺栓电容器、穿心电容器等。常用电容器的结构和特点见表 2.1.5。

表 2.1.5　常用电容器的结构和特点

电容器种类	结构和特点	实物图片
铝电解电容器	由铝制圆筒做负极,里面装有液体电解质,插入一片弯曲的铝带构成正极,还需要经过直流电压处理,使正极片上形成一层氧化膜作为介质。它的特点是容量大,但是绝缘性能差、误差大、稳定性差,常用作交流旁路和滤波,在要求不高时也用于信号耦合。电解电容器有正、负极之分,使用时不能接反	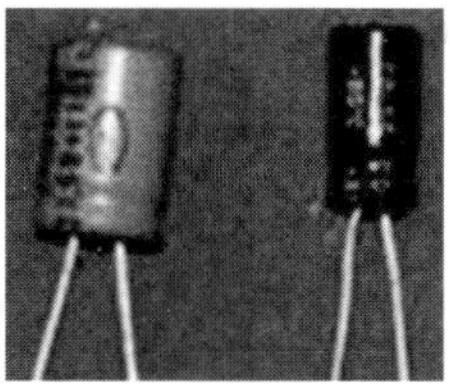
纸介电容器	用两片金属箔做电极,夹在极薄的电容纸中,卷成圆柱形或者扁柱形,然后密封在金属壳或者绝缘材料(火漆、陶瓷、玻璃釉等)壳中制成。它的特点是体积较小,容量较大。但是固有电感和损耗都比较大,适用于低频电路	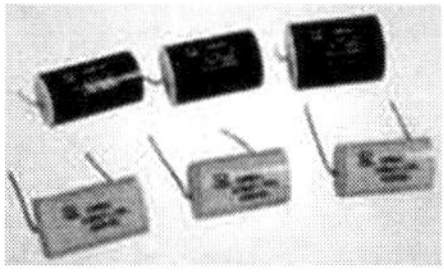
金属化纸介电容器	结构和纸介电容器基本相同。它是在电容器纸上覆上一层金属膜来代替金属箔,体积小、容量较大,一般用在低频电路中	
油浸纸介电容器	把纸介电容器浸在经过特殊处理的油中,能增强其耐压性。它的特点是容量大、耐压高,但是体积较大	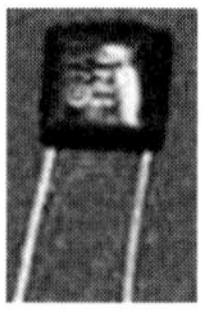
玻璃釉电容器	以玻璃釉做介质,具有瓷介电容器的优点,且体积更小,耐高温	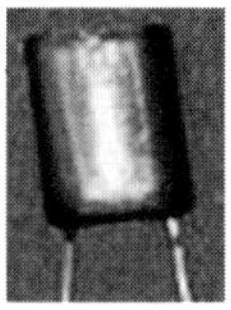
陶瓷电容器	以陶瓷做介质,在陶瓷基体两面喷涂银层,然后烧成银质薄膜作为极板。它的特点是体积小、耐热性好、损耗小、绝缘电阻高,但容量小,适用于高频电路。铁电陶瓷电容器容量较大,但是损耗大、温度系数较大,适用于低频电路	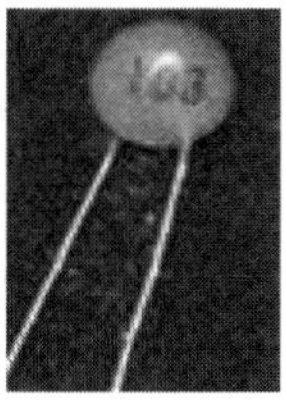

续表

电容器种类	结构和特点	实物图片
薄膜电容器	结构和纸介电容器相同，介质是涤纶或者聚苯乙烯。涤纶薄膜电容的介电常数较高、体积小、容量大、稳定性较好，适宜作为旁路电容。聚苯乙烯薄膜电容的介质损耗小，绝缘电阻高，但是温度系数大，可用于高频电路	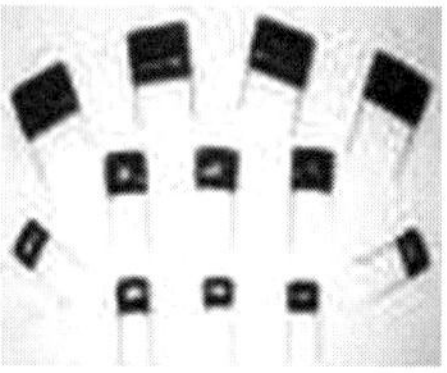 
云母电容器	用金属箔或者在云母片上喷涂银层做电极板，极板和云母一层一层叠合后，再压铸在胶木粉或封固在环氧树脂中。它的特点是介质损耗小、绝缘电阻大、温度系数小，适用于高频电路	
钽、铌电解电容器	用金属钽或者铌做正极，用稀硫酸等配液做负极，用钽或铌表面生成的氧化膜做介质。它的特点是体积小、容量大、性能稳定、寿命长、绝缘电阻大、温度特性好，用在要求较高的电路中	
半可变电容器	也叫作微调电容，是由两片或者两组小型金属弹片，中间夹着介质制成的。调节的时候改变两片之间的距离或面积。它的介质有空气、陶瓷、云母、薄膜等	
可变电容器	由一组定片和一组动片组成，它的容量可以随着动片的转动连续改变。把两组可变电容器装在一起同轴转动，叫作双连。可变电容器的介质有空气和聚苯乙烯两种。空气介质可变电容器体积大、损耗小，多用在电子管收音机中。聚苯乙烯介质可变电容器做成密封式的，体积小，多用在晶体管收音机中	

4. 超级电容器

超级电容器(Supercapacitor 或 Ultracapacitor),又名电化学电容器(Electrochemical Capacitor)、黄金电容、法拉电容,是从 20 世纪七八十年代发展起来的通过极化电解质来储能的一种电化学元件。

超级电容器是建立在德国物理学家亥姆霍兹(Helmholtz,1821—1894)提出的界面双电层理论基础上的一种全新的电容器。它不同于传统的化学电源,是一种介于传统电容器与电池之间、具有特殊性能的电源,主要依靠双电层和氧化还原假电容电荷储存电能。但在其储能的过程并不发生化学反应,这种储能过程是可逆的,因此超级电容器可以反复充放电数十万次。其基本原理和其他种类的双电层电容器一样,都是利用活性炭多孔电极和电解质组成的双电层结构获得超大的容量。

超级电容器是世界上已投入量产的双电层电容器中容量最大的一种,其突出优点是功率密度高、充放电时间短、循环寿命长、工作温度范围宽。超级电容器的相关性能参数和比较如图 2.1.19 和表 2.1.6 所示。

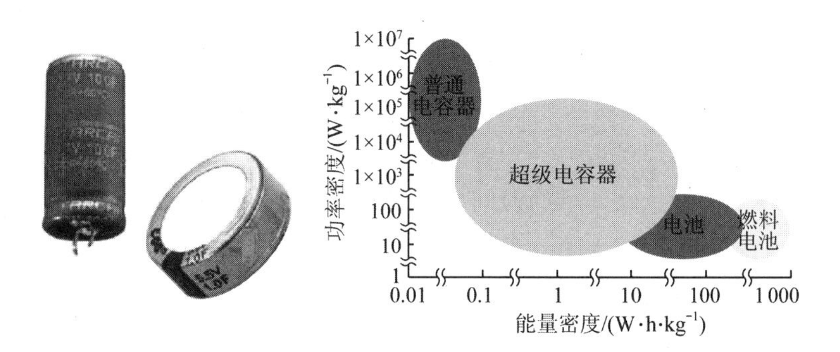

图 2.1.19　超级电容器和能量密度

表 2.1.6　超级电容器和其他储能产品的性能比较

序号	比较项目	普通电容器	超级电容器	电池
1	循环寿命	$\geqslant 10^6$ 次	$\geqslant 10^6$ 次	$<10^4$ 次
2	容量	$C=\frac{Q}{U}=\frac{It}{u}$		$Q=It$
		微法和皮法级	1～5 000 F	安时级

续表

序号	比较项目	普通电容器	超级电容器	电池
3	功率密度	$P'=\frac{u\cdot I}{m}$		$P'=\frac{u\cdot I}{m}$
		$10^4\sim10^6$ W/kg	$10^2\sim10^4$ W/kg	<500 W/kg
4	能量密度	$E'=\frac{CU^2}{1\,800m}$		$E'=\frac{UIt}{m}$
		≤0.2 W·h/kg	0.2～20 W·h/kg	20～200 W·h/kg
5	充放电时间	≤10 s	10 s～10 min	1～10 h
6	大电流特性	百安至千安	一般为 20 A 至千安	一般为 2～10 A
7	工作电压	百伏至千伏	几伏	
8	工作温度	温度范围大	−40～70 ℃	−20～60 ℃
9	环境污染	无污染	绿色能源(活性炭)，不污染环境	化学反应，污染环境
10	安全性	安全		过热，甚至爆炸

与蓄电池和传统物理电容器相比，超级电容器的特点主要体现在：

① 功率密度高。可达 $10^2\sim10^4$ W/kg，远高于目前蓄电池的功率密度水平。

② 循环寿命长。在几秒的时间内高速深度循环 10 万～50 万次后，超级电容器的特性变化很小，容量和内阻仅降低 10%～20%。

③ 工作温限宽。由于在低温状态下超级电容器中离子的吸附和脱附速度变化不大，因此其容量变化远小于蓄电池。目前，商业化超级电容器的工作温度范围可达−40～70 ℃。

④ 免维护。超级电容器充放电效率高，对过充电和过放电有一定的承受能力，可稳定地反复充放电，在使用和管理得当的情况下是不需要进行维护的。

⑤ 绿色环保。超级电容器在生产过程中不使用重金属和其他有害的化学物质，符合欧盟的 RoHS 指令(在电子电气设备中限制使用某些有害物质的指令)，且寿命较长，因而是一种新型的绿色环保电源。

5. 电容器的主要参数

(1) 技术参数

① 容量及精度。容量是电容器的基本参数，数值标在电容器主体上，不同类别的电容有不同系列的标称值。常用的电容标称值系列与电阻标称值相同。

应注意，某些电容的体积过小，常常在标称容量时不标单位符号，只标数值。电容器的容量精度等级较低，一般允许误差在±5%以上。

② 额定电压。电容器两端加电压后，能保证长期工作而不被击穿的电压称为电容器的额定电压。额定电压的数值通常都在电容器上标出。

③ 损耗角。电容器介质的绝缘性能取决于电容器材料及厚度。绝缘电阻越大，漏电流越小。漏电流的存在，将使电容器消耗一定电能，由电容损耗而引起的相移角称为电容器的损耗角。

(2) 型号命名方法

根据国家标准，电容器型号命名由四部分组成：第一部分为主称字母，用 C 表示；第二部分为介质材料；第三部分为特征；第四部分用数字表示序号。一般情况下只需三部分，即两个字母和一个数字。

例如：CC104 表示Ⅲ级精度(+20%)0.1 μF 瓷介电容器；

CBB120.68Ⅱ表示Ⅱ级精度(+10%)0.68 μF 聚丙烯电容器。

一般在体积较大的电容器主体上除标有上述符号外，还标有标称容量、额定电压、精度与技术条件等。

(3) 容量的标示方法

例如：4n7 表示 4.7 nF 或 4 700 pF；

0.22 表示 0.22 μF；

510 表示 510 pF。

没标单位的数字的读法是：当容量在 $1\sim(10^5-1)$ pF 时，读为皮法，如 510 pF；当容量大于 10^5 pF 时，读为微法，如 0.22 μF。一般认为，电容器上的数字大于 1，表示电容器的容量单位为 pF；电容器上的数字小于 1，表示电容器的容量单位为 μF。

6. 电容器的应用——触摸感应开关

触摸感应开关按原理分类分为电阻式触摸开关和电容式触摸开关。电容式触摸感应已经成为触摸感应技术的主流，在按钮设计方面能有效地提高产品整体外观的档次。电容式触摸感应开关可穿透绝缘材料外壳 20 mm 以上，能够准确有效地侦测到手指的有效触摸(图 2.1.20)，并能够保证产品的稳定性、灵敏度、可靠性等不因环境改变或是长期使用而发生变化，同时其还具有防水和强抗干扰等功能。

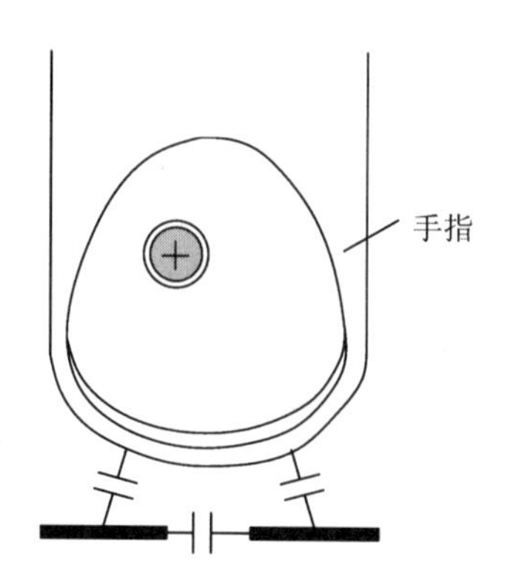

图 2.1.20　电容式触摸感应

2.1.3　电感器

1. 电感器概述

电感器（Inductor，通常用“L”表示），简称电感，是能够把电能转换为磁能而存储起来的元件。电感器的应用范围很广泛，具有阻交流、通直流的特点。它在调谐、振荡、耦合、匹配、滤波、陷波、延迟、补偿等电路中，都是必不可少的。由于其用途、工作频率、功率、工作环境不同，对电感器的基本参数和结构形式就有不同的要求，从而导致电感器的类型和结构多样化。电感的单位是 H（亨）、mH（毫亨）、μH（微亨）。

电感器的标识方法与电阻器的标识方法类似，通常采用文字符号直标法和色环表示法。

2. 电感器的种类

按照不同的分类标准，电感器有不同的种类，通常按电感量变化情况，可分为固定电感器、可变电感器、微调电感器等；按电感器线圈内介质不同，可分为空芯电感器、铁芯电感器、磁芯电感器、铜芯电感器等；按绕制特点不同，可分为单层电感器、多层电感器、蜂房电感器等。

常用的电感器有卧式和立式两种，通常是将漆包线直接绕在棒形、工字形、王字形等磁芯上制成的，也有用漆包线绕成的空芯电感。常见电感器如图 2.1.21 所示。

图 2.1.21　常见电感器

(1) 单层线圈

单层线圈是用绝缘导线一圈挨一圈地绕在纸筒或胶木骨架上,如晶体管收音机中的天线线圈。

(2) 蜂房式线圈

如果所绕制的线圈,其平面与旋转面不平行,而是相交成一定的角度,这种线圈就被称为蜂房式线圈。其旋转一周,导线来回弯折的次数常被称为折点数。蜂房电感器的优点是体积小,分布电容小,而且电感量大。蜂房式线圈都是利用蜂房绕线机来绕制的,折点越多,分布电容越小。

(3) 铁氧体磁芯和铁粉芯线圈

线圈的电感量大小与有无磁芯有关。在空芯线圈中插入铁氧体磁芯,可增加电感量,提高线圈的品质因数。

(4) 铜芯线圈

铜芯线圈在超短波范围内应用得较多,通过旋动铜芯调节其在线圈中的位置来改变电感量,这种调整方法比较方便且耐用。

(5) 色码电感线圈

色码电感线圈是一种高频电感线圈,它是在磁芯上绕上一些漆包线后再用环氧树脂或塑料封装而成的。其工作频率为 10 kHz～200 MHz,电感量一般在 0.1 ～3 300 μH。色码电感器是具有固定电感量的电感器,其电感量标示方法也是以色环来表示,单位为 μH。

（6）阻流圈（扼流圈）

限制交流电通过的线圈叫作阻流圈。阻流圈分为高频阻流圈和低频阻流圈。

（7）偏转线圈

偏转线圈是电视机扫描电路输出级的负载，偏转线圈需要具有偏转灵敏度高、磁场均匀、品质因数高、体积小、价格低等特点。

3. 电感器的主要参数

电感器的主要参数包括电感量、品质因数、分布电容、额定电流等。

（1）电感量

电感量 L 表示线圈的固有特性，与电流大小无关。

（2）品质因数

品质因数 Q 是表示线圈质量的一个物理量。线圈的 Q 值越高，回路的损耗越小。线圈的 Q 值与导线的直流电阻、骨架的介质损耗、屏蔽罩或铁芯引起的损耗、高频趋肤效应等因素有关。线圈的 Q 值通常为几十到几百。采用磁芯线圈或多股粗线圈均可提高线圈的 Q 值。

（3）分布电容

线圈的匝与匝间、线圈与屏蔽罩间、线圈与底版间存在的电容称为分布电容。分布电容的存在使线圈的 Q 值减小，稳定性变差，因而线圈的分布电容越小越好。采用分段绕法可减少分布电容。

（4）额定电流

额定电流是线圈中允许通过的最大电流。通常用字母 A、B、C、D、E 分别表示标称电流值 50 mA、150 mA、300 mA、700 mA、1 600 mA。

2.1.4　半导体器件

1. 半导体材料概述

众所周知，在自然界中，根据导电能力的不同，材料可以分为导体、绝缘体和半导体。半导体的导电能力介于导体和绝缘体之间。常见的半导体材料有硅（Si）、锗（Ge）或砷化镓（GaAs）。纯净的半导体材料称为本征半导体。半导体材料可以用来制作二极管、三极管、场效应管、传感器、放大器等分立器件，也可以用于大规模集成电路的设计。

（1）本征半导体和杂质半导体

本征半导体(Intrinsic Semiconductor)是完全不含杂质且无晶格缺陷的纯净半导体。在本征半导体中掺入某些微量元素作为杂质可使半导体的导电性发生显著变化,此类半导体称为杂质半导体。

在电子设计领域,半导体扮演着重量级的角色。可以说,没有半导体,就没有现代电子工业。半导体材料的特性几乎支撑着整个电子工业的发展。关于半导体理论的研究也非常深入。

（2）摩尔定律

摩尔定律是由英特尔(Intel)创始人之一戈登·摩尔(Gordon Moore)提出的。其核心内容为:当价格不变时,集成电路上可容纳的晶体管的数目约每隔18～24个月便会增加一倍,性能也将提升一倍。换言之,每一美元所能买到的电脑性能,将每隔18～24个月翻一倍以上。这一定律揭示了信息技术发展的速度。

尽管这种趋势已经持续了超过半个世纪,摩尔定律仍应该被认为是观测或推测,而不是一个物理或自然法。2010年国际半导体技术发展路线图的更新增长已经放缓,在2014年之后的时间里晶体管数量密度一般只会每三年翻一番。

“集成电路的基础材料是半导体,其工作机制是默默隐藏于它背后、鲜有人知的物理原理。换言之,是基于量子理论而建立起来的固体物理理论,赋予了集成电路技术那种‘体积不断缩小、速度不断加快’的超级能力。电子技术几十年来的突飞猛进是根源于物理学中量子理论的成功。而如今,怎样才能挽救摩尔定律呢?可以用上中国人的一句老话:解铃还须系铃人。还是得回到基本物理的层面上,才有可能克服摩尔定律的瓶颈问题。”——张天蓉《电子,电子!谁来拯救摩尔定律》。

但是从应用角度上说,人们并不需要了解收音机的全部原理,也能很好地使用它。在很多情况下,只要了解一些相关的基础知识,就能避开晦涩难懂的理论而直接应用半导体器件,这是完全可行的。

2. 二极管的形成

二极管(Diode)是最基础的半导体器件之一,是由两种不同性质的半导体材料构成的典型的半导体器件。本征半导体如硅(Si),其导电性能不强。通过研究发现,只要在本征半导体中掺杂少量杂质,就能显著提高其导电性能,成为导体。

根据掺杂的材料不同，本征半导体形成两种极性的材料，分别是能产生“+”（正）电荷的P型（Positive）材料和能产生“−”（负）电荷的N型（Negative）材料。

对于单纯的P型材料或者N型材料，其导电特性已经达到导体的水平。将P型材料和N型材料组合在一起，就构成PN结，这是二极管的基本形式，如图2.1.22所示。

图2.1.22　P型材料和N型材料组合形成PN结

PN结具有单向导电性，即一般情况下，电流只能从P区流向N区。也就是说，当P区为高电势，N区为低电势，PN结导通；而当P区为低电势，N区为高电势，则PN结截止，表现出绝缘状态。

二极管就是一个封装了PN结的半导体器件，如图2.1.23所示，其中连接P区的一端称为阳极（Anode），用A表示，而连接N区的一端称为阴极（Cathode），用K表示（注意不是C）。因而，二极管实际上就是一个封装好的PN结，其首要的特性是单向导电性（正向导电、反向截止）。

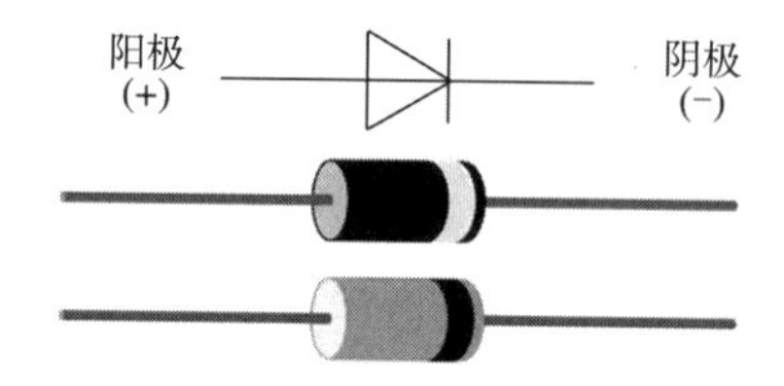

图2.1.23　二极管

3. 二极管的特性

在电子电路中，将二极管的正极（P区）接在高电位端，负极（N区）接在低电位端，二极管就会导通，这种连接方式称为正向偏置。将二极管的正极（P区）接在低电位端，负极（N区）接在高电位端，此时二极管中几乎没有电流流过，二极管处于截止状态，这种连接方式称为反向偏置。

必须进一步说明，当加在二极管两端的正向电压很小时，二极管仍然不能导通，流过二极管的正向电流十分微弱。只有当正向电压达到某一数值（这一数值称为“门槛电压”，锗管约为0.2 V，硅管约为0.6 V）后，二极管才能真正导通。

导通后二极管两端的电压基本上保持不变(锗管约为0.3 V,硅管约为0.7 V),称为二极管的正向压降。

4. 二极管的类型

二极管有多种类型。按材料,可分为锗二极管、硅二极管、砷化镓二极管等;按制作工艺,可分为面接触二极管和点接触二极管;按用途,可分为整流二极管、检波二极管、开关二极管、稳压二极管、快速恢复二极管、肖特基二极管、发光二极管、变容二极管等;按结构类型,可分为半导体结型二极管、金属半导体接触二极管等;按封装形式,可分为常规封装二极管、特殊封装二极管等。

(1) 整流二极管

整流二极管的作用是将交流电源整流成脉动直流电,它是利用二极管的单向导电特性工作的。常用的整流二极管型号有1N4001、1N4007(图2.1.24)。

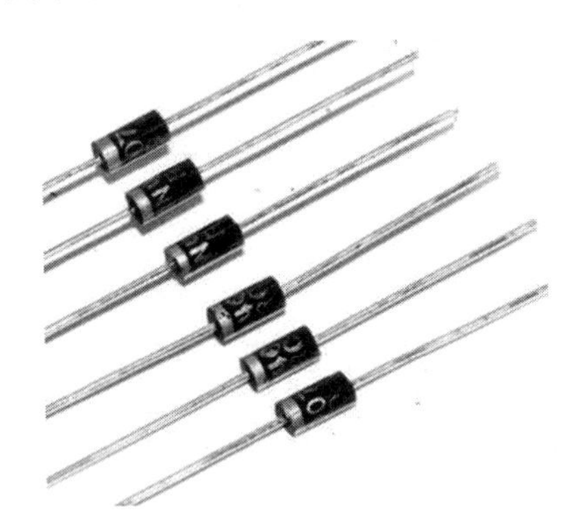

图2.1.24 整流二极管1N4007

(2) 检波二极管

检波二极管是把叠加在高频载波中的低频信号检出来的器件,它具有较高的检波效率和良好的频率特性。检波二极管要求正向压降小,检波效率高,结电容小,频率特性好,其一般采用EA玻璃封装结构。一般检波二极管采用锗材料点接触型结构。

(3) 开关二极管

由于半导体二极管在施加正向偏压时,导通电阻很小,而在施加反向偏压时,截止电阻很大,在开关电路中利用半导体二极管的这种单向导电特性就可以接通或关断电流,故这类半导体二极管称为开关二极管。开关二极管主要应用于对讲机、电视机、视频监控器等家用电器及电子设备的开关电路、检波电路、高频脉冲整流电路等。

(4) 稳压二极管

稳压二极管(简称稳压管),又名齐纳二极管(图 2.1.25),是利用 PN 结反向击穿时电压基本上不随电流的变化而变化的特点来达到稳压的目的。稳压二极管是根据击穿电压值来分挡的,其稳压值就是击穿电压值。稳压二极管主要作为稳压器或电压基准元件使用。稳压二极管可以串联起来得到较高的稳压值。

图 2.1.25 稳压二极管

(5) 快速恢复二极管

快速恢复二极管(Fast Recovery Diode,简称 FRD)是一种新型的半导体二极管。这种二极管的开关特性好,反向恢复时间短,通常在高频开关电源中作为整流二极管,常用型号如 FR107(图 2.1.26)。

图 2.1.26 快速恢复二极管 FR107

(6) 肖特基二极管

肖特基二极管(图 2.1.27)是肖特基势垒二极管(Schottky Barrier Diode,简称 SBD)的简称。肖特基二极管是以贵重金属(金、银、铝、铂等)为正极,以 N 型半导体为负极,利用二者接触面上形成的具有整流特性的势垒而制成的金属半导体器件。肖特基二极管通常用在高频、大电流、低电压整流电路中,常用的型号有1N5819、1N5822、SS14。

图2.1.27 肖特基二极管

(7) 发光二极管

发光二极管(Light Emitting Diode,简称LED)(图2.1.28)是采用磷化镓、磷砷化镓等半导体材料制成的,可以将电能直接转换为光能。发光二极管除了具有普通二极管的单向导电特性之外,还可以将电能转换为光能。给发光二极管外加正向电压时,它处于导通状态。当正向电流流过管芯时,发光二极管就会发光,将电能转换成光能。

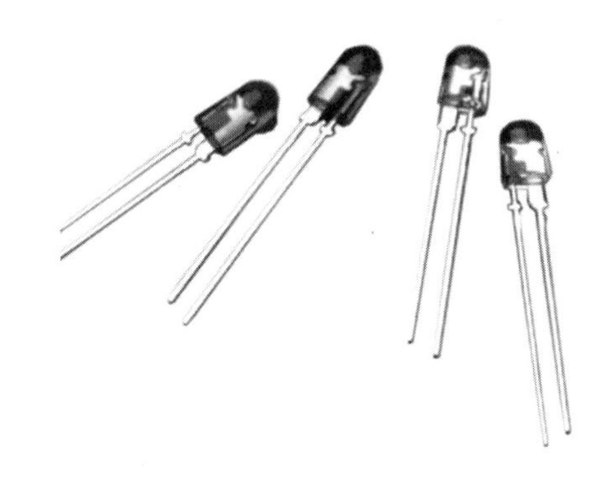

图2.1.28 发光二极管

发光二极管的发光颜色主要由制作管子的材料和掺入杂质的种类决定。目前常见的发光二极管的发光颜色主要有蓝色、绿色、黄色、红色、橙色、白色等。其中,白色发光二极管是新型产品,主要应用于手机背光灯、液晶显示器背光灯、照明等。

发光二极管的工作电流通常为2～25 mA。工作电压(正向压降)随着材料的不同而不同：普通绿色、黄色、红色、橙色发光二极管的工作电压约为2 V；白色发光二极管的工作电压通常高于 2.4 V；蓝色发光二极管的工作电压通常高于 3.3 V。发光二极管的工作电流不能超过额定值太高，否则有烧毁的危险，故通常在发光二极管回路中串联一个电阻作为限流电阻。

红外发光二极管是一种特殊的发光二极管，其外形和一般的发光二极管相似，只是它发出的是红外光，在正常情况下人眼是看不见的。其工作电压约为 1.4 V，工作电流一般小于 20 mA。

有些公司将两个不同颜色的发光二极管封装在一起，使之成为双色二极管（又名变色发光二极管）。这种发光二极管通常有三个引脚，其中一个是公共端。它可以发出三种颜色的光（其中一种是另两种颜色的混合色），故通常作为不同工作状态的指示器件。

（8）变容二极管

变容二极管（Variable Capacitance Diode，简称 VCD）（图 2.1.29）是利用反向偏压来改变 PN 结电容量的特殊半导体器件。变容二极管相当于一个容量可变的电容器，其两个电极之间的 PN 结电容，随加在变容二极管两端反向电压大小的改变而变化。当加在变容二极管两端的反向电压增大时，变容二极管的容量减小。由于变容二极管的这一特性，所以它主要用于电调谐回路（如彩色电视机的高频头）中，作为一个可以通过电压控制的自动微调电容器。

图 2.1.29 变容二极管

5. 认识三极管

半导体三极管（Bipolar Junction Transistor，简称 BJT）也称双极型晶体管、晶体三极管，是一种电流控制型半导体器件。三极管可以把微弱信号放大，也可用作无触点开关。常见的三极管如图 2.1.30 所示。

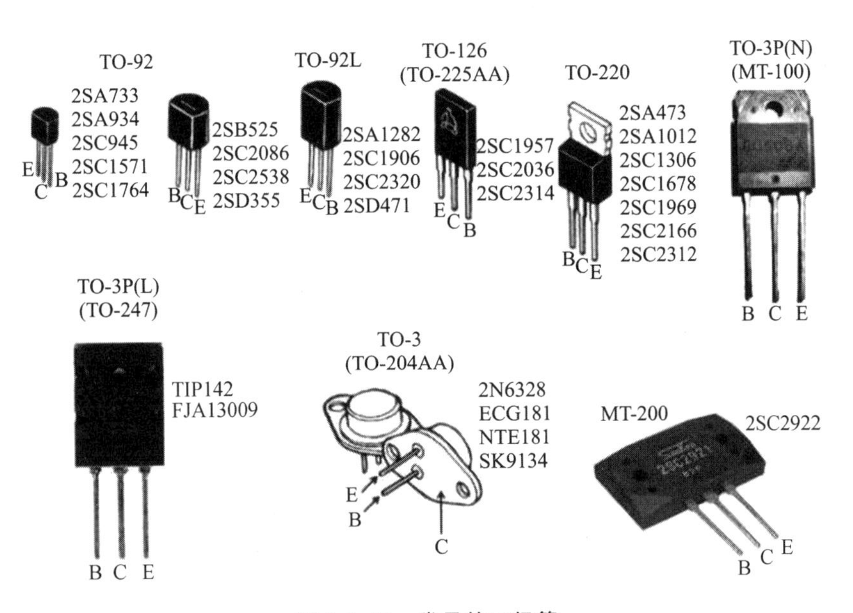

图 2.1.30　常见的三极管

（1）三极管的诞生

1947 年 12 月 23 日，在美国新泽西州墨累山的贝尔实验室里，3 位科学家巴丁博士、布莱顿博士和肖克莱博士（图 2.1.31）发明了三极管。这 3 位科学家因此共同荣获了 1956 年诺贝尔物理学奖。晶体管的发明带来了“固态革命”，进而推动了全球范围内半导体电子工业的发展。作为元器件的主要部件，它首先在通信领域得到广泛应用，并产生了巨大的经济效益。由于晶体管彻底改变了电子线路的结构，集成电路及大规模集成电路应运而生，这使得制造高速电子计算机等高精密设备变成了现实。

图 2.1.31　发明三极管的 3 位科学家

(2) 三极管的结构

如图 2.1.32 所示,从结构上看,三极管并不复杂,也是由 P 型材料和 N 型材料构成。一般是由 2 个 N 型材料和 1 个 P 型材料构成 NPN 型三极管,或者 2 个 P 型材料和 1 个 N 型材料构成 PNP 型三极管。由此可见,三极管形成 3 个区:基区、发射区和集电区。3 个区分别引出三个电极:基极(Base)、发射极(Emitter)和集电极(Collector)。基极和集电极之间的 PN 结称为集电结,基极和发射极之间的 PN 结称为发射结。

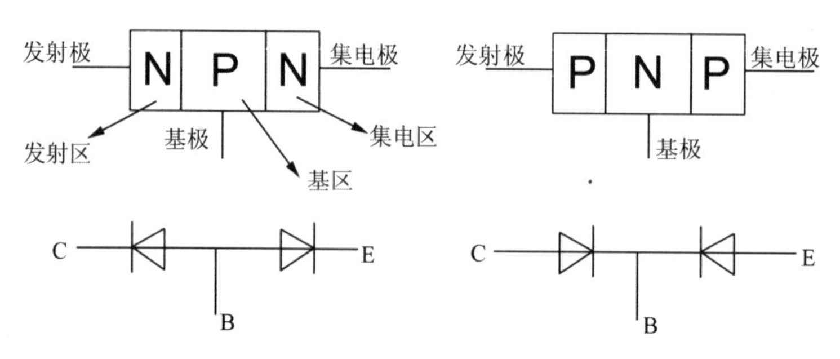

图 2.1.32　三极管内部模型示意图

三极管是一种电流控制型器件,基极的小电流控制着集电极和发射极的大电流(图 2.1.33)。深入地了解三极管的机理才能理解这种控制方式,初学者只需要记住简单的结论即可。

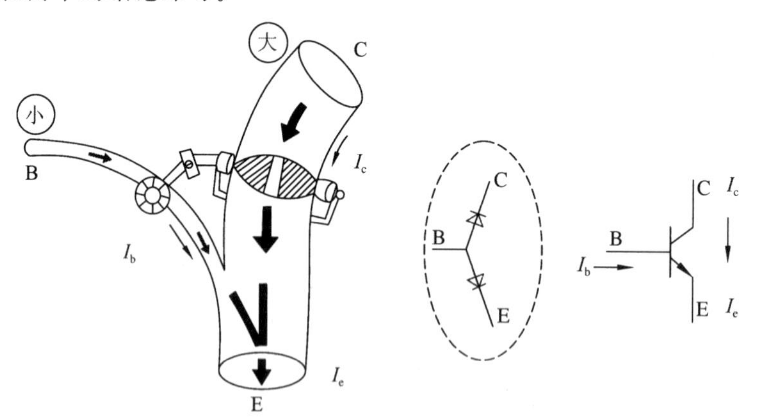

图 2.1.33　三极管工作原理示意图

从内部结构上看,三极管更像是两个背靠背或头顶头的二极管。如前所述,基极 B 一般作为控制端,控制着集电极 C 和发射极 E 之间的电流通路,而基极电流由发射结(BE)形成。因而,只要发射结上的二极管处于截止状态(施加的反向偏置电压或正向偏置电压小于门槛电压)，那么整个三极管就被关断了。反之，若发射结上的二极管处于正向导通状态(施加正向偏置电压)，那么集电极 C 与发射极 E 之间就能形成通路。这样三极管的控制原理就变得简单，只需要像控制二极管那样控制发射结即可。

值得注意的是，对于 NPN 型三极管，形成的电流通路只能是从集电极 C 流向发射极 E，而 PNP 型三极管是从发射极 E 流向集电极 C。如果进一步研究，就会发现另一个重要的现象：当三极管开启时，集电区的 PN 结(BC)居然处于反向偏置状态——反向导通。这正是三极管工作时的一个重要特征。

NPN 型三极管有 S9013 和 S8050 两种。其内部结构和电气符号如图 2.1.34 所示。NPN 型三极管的电气符号中的箭头可以理解为三极管的“内部二极管”极性。在正常工作时，这类三极管的电流受基极控制，其电流(I_c)是从集电极流向发射极。

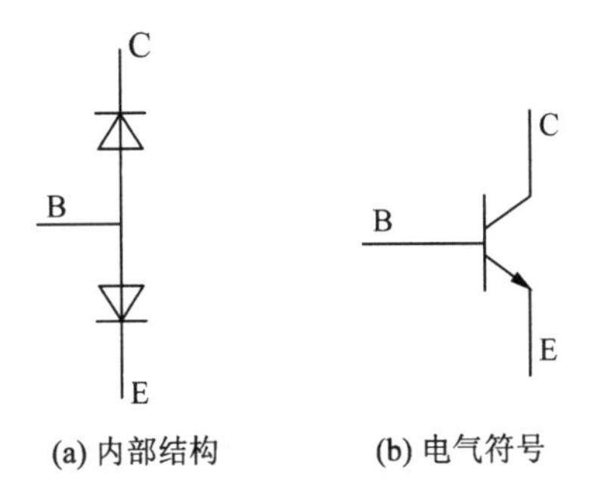

图 2.1.34　NPN 型三极管内部结构和电气符号

PNP 型三极管常用的型号是 S9012 和 S8550，如图 2.1.35 所示。同样地，正常工作时只有发射三极的二极管符合正向导通特性，而集电极的二极管处于反向截止状态。PNP 型的管的电流(I_c)是从发射极流向集电极。

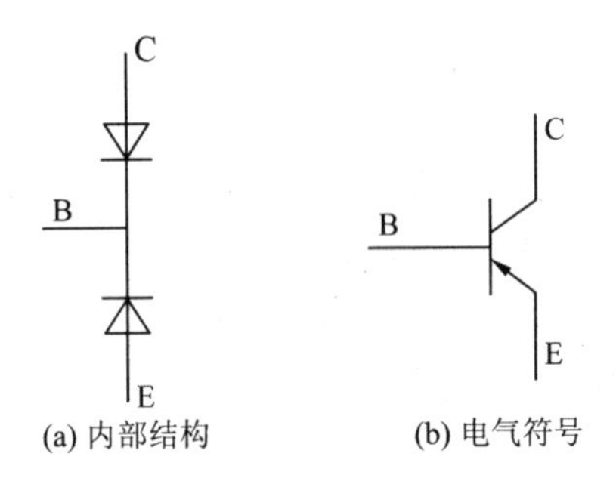

图 2.1.35　PNP 型三极管内部结构和电气符号

PNP和NPN型三极管可以组成对管，应用于很多需要互补输出的场合。S9013的对管是S9012，S8050的对管是S8550。对于小功率直流电机，最常用的就是三极管驱动电路，此电路不仅简单易懂，而且成本低廉。

通常情况下，三极管的基极是一个重要的控制端。三极管正是通过基极控制发射结处“二极管”的导通状态，从而控制集电极和发射极间的通断。只要三极管发射结间导通，那么集电极C和发射极E间就能建立电路通路。这也是三极管作为非接触式电子开关的基本工作方式。

三极管的主要参数包括电流放大系数β、集电极最大允许电流I_{CM}、集电极最大允许功耗P_{CM}、反向击穿电压U_{BR}等，在实际应用中，需要根据实际情况选择I_{CM}和P_{CM}。

2.2 常用材料和工具

课程设计中常用到的材料和工具包括但不限于剪刀、镊子、斜口钳、焊接工具、万用板等。

2.2.1 万用板

用面包板搭电路是验证电路原理的一种非常好的方式。当需要固定验证的电路时候，就要用到万用板或者印制电路板(Printed Circuit Board，简称PCB)。万用板是手工设计和焊接固化电路的工具，而印制电路板则是利用软件进行电路板设计，并进行加工的成品电路。万用板及元器件装配如图2.2.1所示。

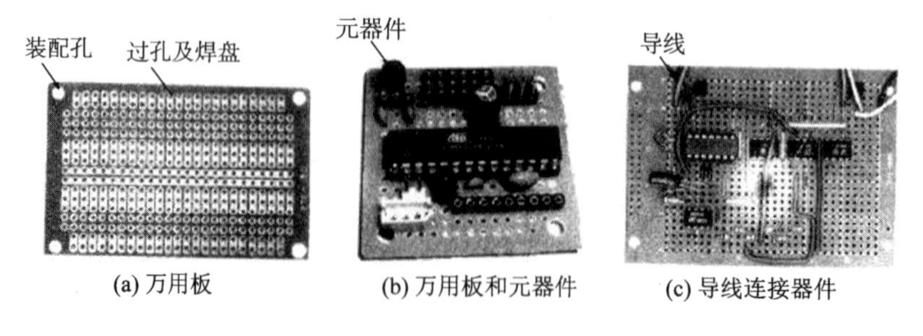

(a) 万用板　(b) 万用板和元器件　(c) 导线连接器件

图2.2.1　万用板及元器件装配

万用板上的元器件与导线都是通过焊接方式固定的，比面包板牢固一些，但是如果要更换元器件或修改导线连接方式就不像面包板那么方便了。可视电路的制作需要使用万用板或面包板。一般来说，如果只是暂时连接电路验证设计的正确性或对电路参数进行调试，使用面包板会方便一些；如果电路没有什么缺陷，就可以利用万用板焊接电路，以便在样机测试中使用。

在万用板上装配和焊接元器件，需要注意以下几个方面。

1. 合理布局

元器件的摆放要注意空间的疏密，排得太紧不易焊接和调整，排得太疏则浪费空间。要按照模块关系排布元器件。接口、电源放置在外，功能器件摆放在内。可以利用铅笔在万用板表面进行适当的规划。如图 2.2.2 所示的万用板布局比较整齐、合理。

图 2.2.2　万用板布局

2. 规范安放元器件

万用板焊接时，直插式的元器件（如电阻器），一般卧式安放，如图 2.2.3(a) 所示；在空间受限的时候，也可以立式安放，如图 2.2.3(b)所示。

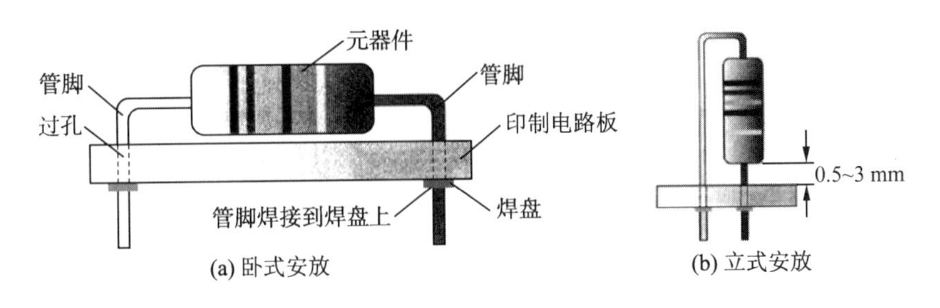

图 2.2.3　元器件的安放

如图 2.2.4 所示是元器件局部布局和安放的对比效果，应注意借鉴好的布局方法。

(a) 元器件安放合理、美观

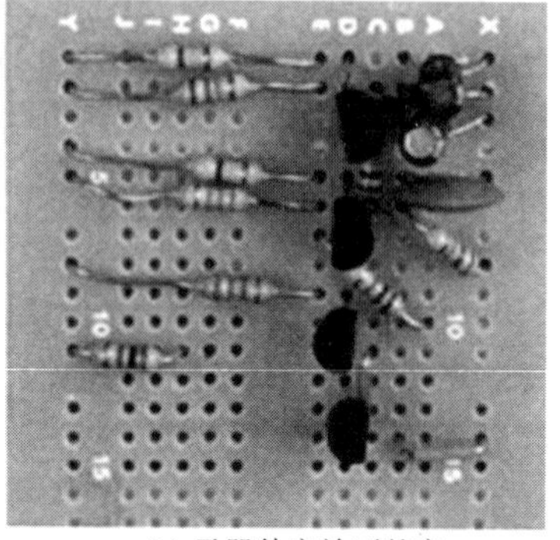

(b) 元器件安放不整齐

图 2.2.4 元器件局部布局和安放的对比效果

3. 正确焊接

焊接看似简单，却是电路板制作非常关键的一步，因为焊接质量的好坏直接影响电路的稳定性。很多时候会因为虚焊、焊接线短路等造成电路故障。

如图 2.2.5 所示，焊接时，从个头较小的电阻、电容等元器件开始，把元器件从没有焊盘的一侧插入印制电路板的过孔，并从另一侧伸出。左手拇指和食指捏着焊锡丝，右手拿电烙铁先在电烙铁头轻轻蹭一点焊锡；接着把电烙铁头贴到管脚和焊盘之间，再把焊锡丝推到焊盘上，将焊锡丝熔化在管脚和焊盘之间；当形成一个较为圆滑、饱满的锡点后，立即把焊锡丝拿走。常见的错误焊接如图 2.2.6 所示。

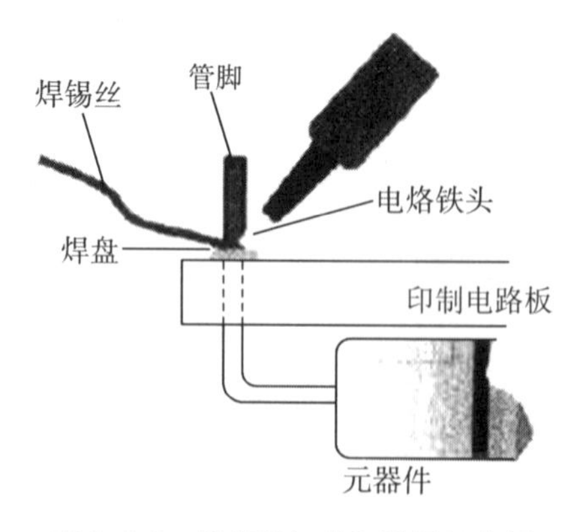

图 2.2.5 焊接时加热和送锡示意图

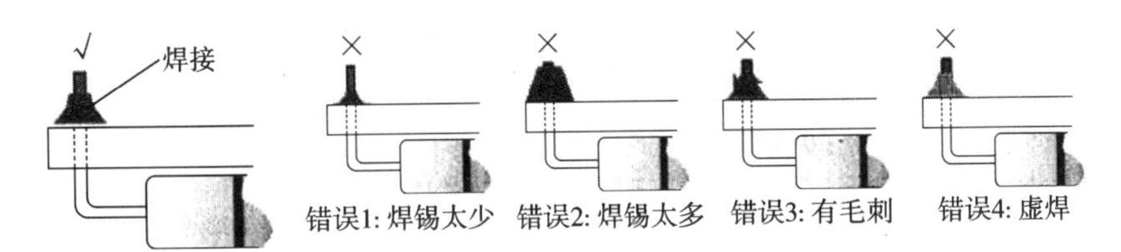

图 2.2.6　正确及错误的焊接

2.2.2　印制电路板(PCB)

万用板一般作为样机进行调试。当需要把万用板上的电路固定成一个专门的产品或者设计时，就要使用印制电路板。印制电路板是在绝缘的基板上以金属导体作配线，印刷出线路图案。PCB 是通过电路软件绘制并加工而成的，元器件安装和焊接时，可以有效降低电路板的装配强度，提高电路调试和生产的效率。印制电路板基材普遍是以基板的绝缘部分做分类，常见的原料为电木板、玻璃纤维板及各式的塑胶板。如图 2.2.7 所示是单面印制电路板示例。

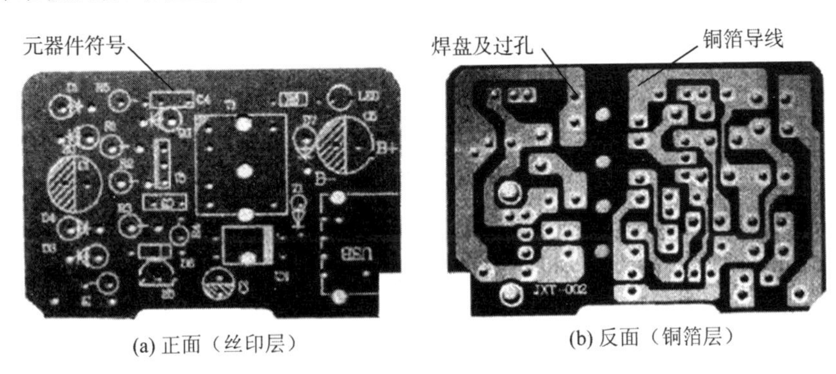

(a) 正面（丝印层）　　(b) 反面（铜箔层）

图 2.2.7　单面印制电路板示例

印制电路板加工完成后，将进行元器件的焊装。从电子市场或网上购买的各种元器件，首先要用万用表对其质量进行检测，以确保电路制作的成功率，然后按照先小后大的原则，把元器件逐一焊装到印制电路板上。

焊装元器件只有两个步骤：① 插入元器件过孔；② 焊接元器件管脚与焊盘。如图 2.2.8 所示是一款装配完成的 PCB 样例。

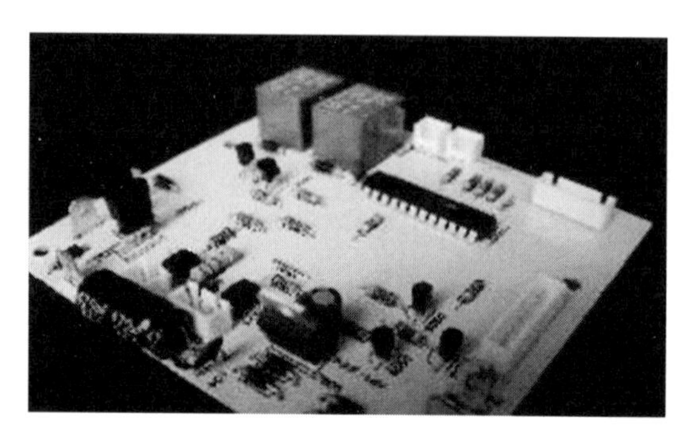

图 2.2.8 装配完成的 PCB 样例

2.2.3 焊接材料和工具

焊接材料和工具包括烙铁焊台、烙铁支架、焊锡丝、焊接导线、万用板等，如图 2.2.9 所示。焊接是通过加热的烙铁将固态焊锡丝加热熔化，再借助于助焊剂的作用，使其流入被焊金属之间，待冷却后形成牢固可靠的焊接点。

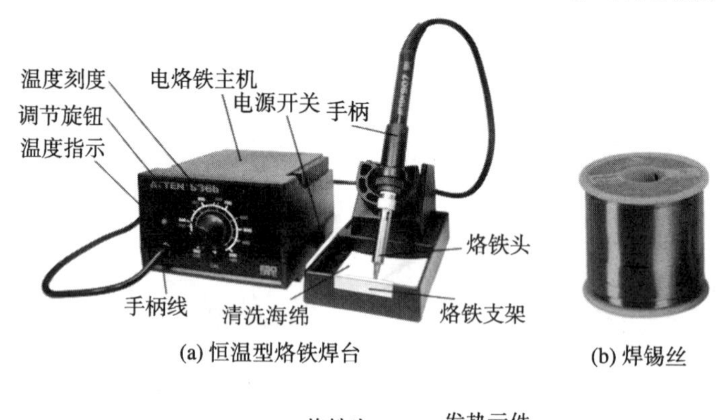

(a) 恒温型烙铁焊台

(b) 焊锡丝

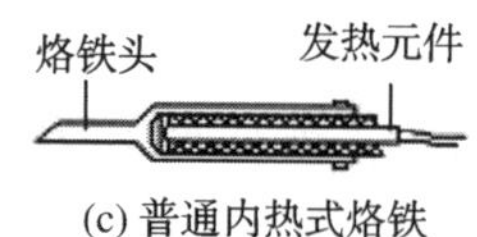

(c) 普通内热式烙铁

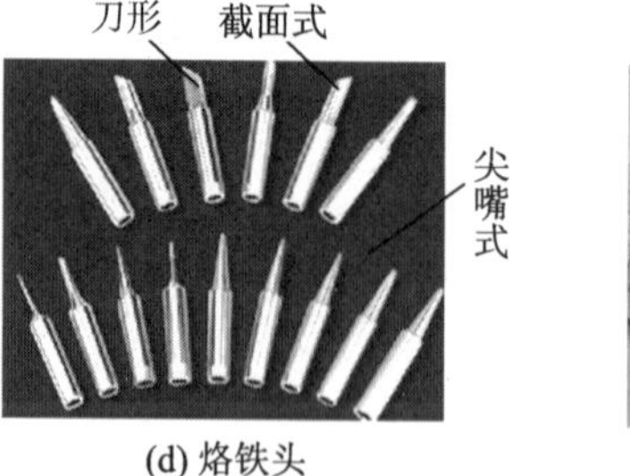

(d) 烙铁头

(e) 清洗海绵

图 2.2.9 焊接工具和材料

焊接时要注意正确的加热方法，合理使用助焊剂，焊点要饱满，不虚焊，不多锡。一般的加热温度为 300～350 ℃。长时间不使用烙铁，应及时关闭电源，或者把温度调至 200 ℃左右保持预热状态。电烙铁通电后温度较高，需要放置在专门的电烙铁架上。

焊锡丝是一种导体，是焊接的主要耗材。用电烙铁将焊锡丝加热至熔化，当焊锡丝凝固后就会把元器件管脚与焊盘焊接起来，在固定元器件管脚的同时实现电气连接。混合有松香(助焊剂)的焊锡丝使用起来非常方便。根据不同的焊接要求可以选择对应焊锡丝的粗细，常用的直径有 0.5 mm、0.8 mm、1 mm，甚至更大。

烙铁头可以控制加热的面积和热量。当焊盘较大时，用较大的截面式烙铁头；当焊盘较小时，用尖嘴式烙铁头。用刀形烙铁头焊接多脚 IC 芯片比较方便。

在电烙铁架的底座上还配有一块专门用于擦拭电烙铁头的清洗海绵。在焊接过程中，电烙铁头常常会因氧化等产生“锅巴”而无法上锡继续焊接，这时将电烙铁头在浸过水的清洗海绵上轻轻擦拭即可。

焊接线可以使用专门用于飞线的 OK 线，单股单芯，线芯直径为 0.25 mm；焊接时，也可以利用多余的引脚长度进行连接，但是因为引脚都是裸露的，所以要注意不能短路；还可以利用灰排线进行焊接，如图 2.2.10 所示。

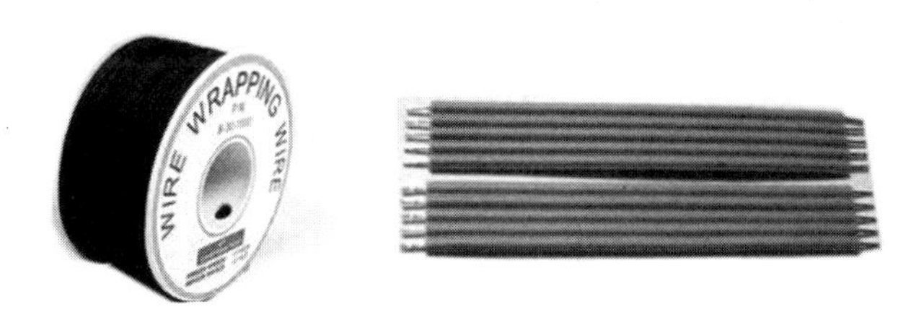

图 2.2.10　**灰排线**

吸锡器(图 2.2.11)是一个小型的手动空气泵。按压吸锡器的压杆，就可以排出吸锡器内的空气；当释放吸锡器压杆的锁钮时，弹簧推动压杆迅速回到原位，在吸锡器腔内形成负压力，就能把熔化的焊锡吸走。

图 2.2.11　**吸锡器**

对于过长的引脚，需要使用修剪工具等(图 2.2.12)进行整理。一般使用斜口钳截断元器件管脚或剪去导线，也可用镊子和剥线钳去掉导线外的绝缘皮。

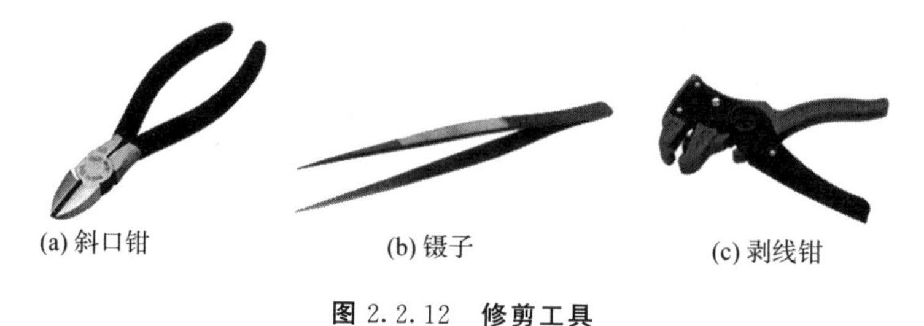

(a) 斜口钳　　(b) 镊子　　(c) 剥线钳

图 2.2.12　修剪工具

2.3 数字万用表

2.3.1 了解数字万用表

万用表又称为复用表、多用表、三用表等，是电力电子系统不可缺少的测量仪表，主要用于测量电压、电流、电阻、电容、二极管等参数，也可用于判断电气连接的通断状态。万用表可以说是电子工程师的必备仪器。万用表按显示方式分为指针万用表和数字万用表(图 2.3.1)。数字万用表具有数字显示功能，读数非常直观。

(a) 指针万用表

(b) 数字万用表

图 2.3.1　万用表

2.3.2　认识数字万用表的挡位

数字万用表(图2.3.2)有多个挡位，可以进行电压测量、电流测量、电阻测量、电容测量等。还有的万用表可以外接热电偶以测量温度。

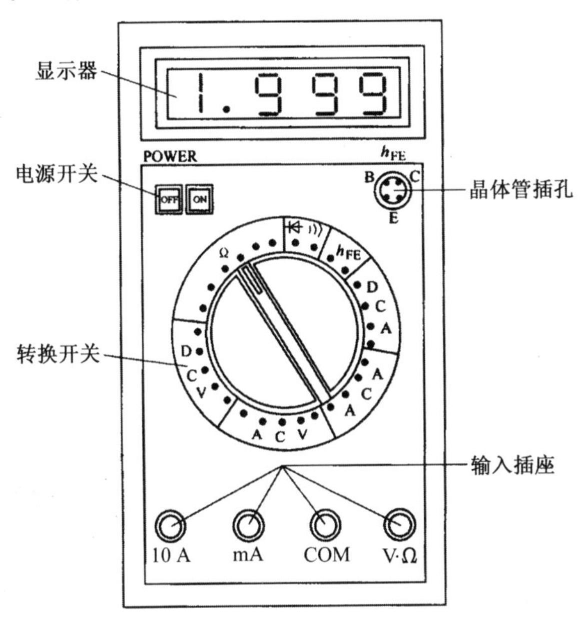

图2.3.2　数字万用表

数字万用表面板的主要功能：

① 液晶显示器。显示位数为4位，最大显示数为±1 999，若超过此数值，则显示1或−1。

② 转换开关。用来转换测量种类和量程。

③ 电源开关。开关置于“ON”时，则表内电源接通，可以正常工作；开关置于“OFF”时，则表内电源关闭。

④ 输入插座。黑表笔始终插在“COM”孔内，红表笔可以根据测量种类和测量范围分别插入“V・Ω”“mA”“10 A”插孔中。

2.3.3　数字万用表的测量

1. 电压测量

(1) 直流电压的测量

直流电压常见于电池、随身听电源等，测量时首先将黑表笔插进“COM”孔，红表笔插进“V·Ω”孔，再把挡位旋钮旋到比估计值大的量程，接着把表笔接电源或电池两端[图 2.3.3(a)]，保持接触稳定。

测量数值可以直接从显示屏上读取，如果显示为“1”，表明量程太小，那么就要加大量程后再测量；如果在数值左边出现“－”，那么表明表笔极性与实际电源极性相反，此时红表笔接的是负极。

(2) 交流电压的测量

表笔和插孔的连接方式与直流电压的测量一样，不过应该将旋钮旋到交流挡处，并选择所需的量程。交流电压无正负之分，测量方法跟前面相同。无论测交流电压还是直流电压，都要注意安全，不要随便用手触摸表笔的金属部分，以免对电路或人身造成损害。如图 2.3.3(b)所示是正在测量插座的交流电压。

(a) 直流电压测量

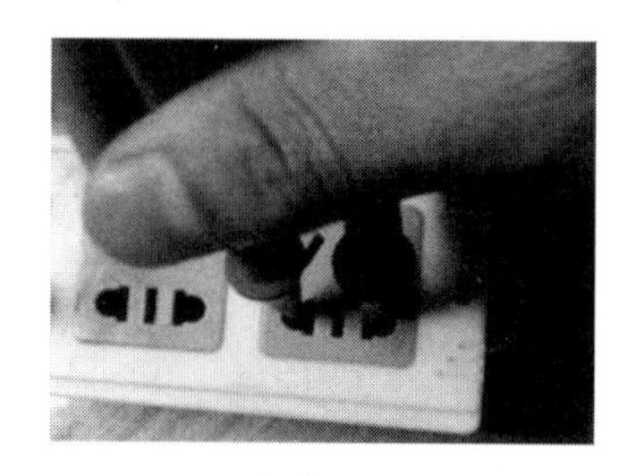

(b) 交流电压测量

图 2.3.3　电压测量

2. 电流测量

(1) 直流电流的测量

先将黑表笔插入“COM”孔。若测量大于 200 mA 的电流，则要将红表笔插入“10 A”插孔，并将旋钮旋到直流“10 A”挡；若测量小于 200 mA 的电流，则将红表笔插入“mA”插孔，并将旋钮旋到直流 200 mA 以内的合适量程。调整好后，就可以测量了。将万用表串联接入电路中，保持稳定，即可读数。若显示为“1”，则要加大量程；若在数值左边出现“－”，则表明电流从黑表笔流进万用表。

(2) 交流电流的测量

挡位应该旋到交流电流挡，测量方法与直流电流的测量相同。

3. 电阻测量

将表笔插入“COM”孔和“V·Ω”孔中，把旋钮旋到“Ω”挡，并选择所需的量程，将表笔接在电阻两端的金属部位，测量过程中可以用手接触电阻，但不要同时接触电阻两端，否则会影响测量的精确度。读数时，要保持表笔和电阻有良好的接触。需要注意的是，在“200”挡时，单位是“Ω”；在“2 k”到“200 k”挡时，单位是“kΩ”；在“2 M”挡以上时，单位是“MΩ”。

4. 二极管测量

数字万用表可以测量发光二极管、整流二极管等。测量时，表笔位置与电压测量时一样，将旋钮旋到二极管挡。用红表笔接二极管的正极，黑表笔接负极，这时会显示二极管的正向压降。肖特基二极管的压降是 0.2 V 左右，普通硅整流管约为 0.7 V，发光二极管为 1.8～2.3 V。调换表笔，显示屏显示“1”则为正常，此时二极管的反向电阻很大，如图 2.3.4 所示。

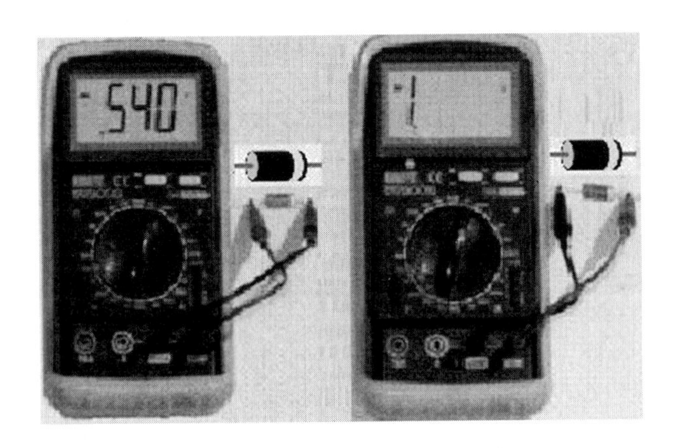

图 2.3.4　**二极管测量**

5. 二极管挡和通断挡的区别

二极管挡主要是测量二极管的正向压降，而通断挡主要是判断线路的通断。有的万用表把通断挡和二极管挡做在一起，有的万用表把这两个挡位分开。二极管挡内部自身产生一个 2.8 V 左右的电压源，加到“V·Ω”孔和“COM”孔。当将红黑表笔接到被测二极管两端时，主要测量二极管的正反向压降。而通断挡主要是靠运算放大器控制蜂鸣器发声，如果被测回路阻值低于某个数值(大约是 60 Ω，每个万用表有差异)，蜂鸣器就发出声响。

2.4 函数信号发生器

函数信号发生器用于产生标准信号源,如正弦波、方波、三角波等基本信号。

如图 2.4.1 所示是 VD1641 型函数信号发生器。仪器面板有波形选择按钮、频率挡位选择按钮、频率调节旋钮、幅度调节旋钮等。幅度调节旋钮旁边还有幅度衰减开关,当需要较小的信号幅度时,可以打开幅度衰减开关。信号发生器左下方的按钮是电源按钮,右下方是信号输出端。表 2.4.1 是该函数信号发生器的性能指标列表。

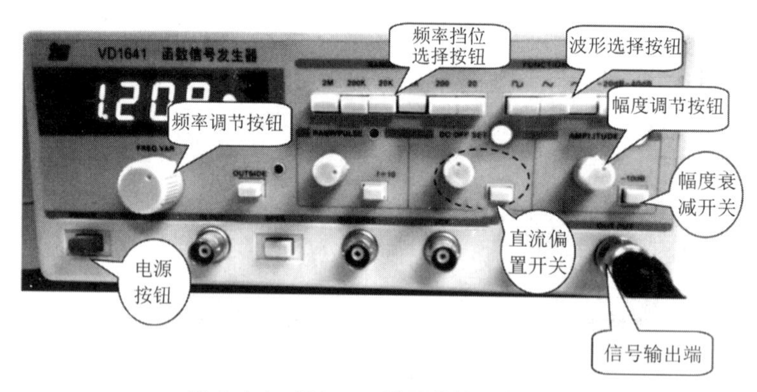

图 2.4.1 VD1641 型函数信号发生器

表 2.4.1 VD1641 型函数信号发生器的性能指标

名称	数据	名称	数据
波形	正弦波、方波、三角波、脉冲波、锯齿波等	占空比	10%~90%连续可调
频率	0.2 Hz~2 MHz	输出阻抗	50×(1±0.1) Ω
显示	4 位数显示	正弦失真	≤2%(20 Hz~20 kHz)
频率误差	±1%	方波上升时间	≤5 ns
幅度	1 mV~25 V_{P-P}	TTL 方波输出	≥3.5 V_{P-P} 上升时间≤25 ns
功率	≥3 W_{P-P}	外电压控制扫频	输入电平 0~10 V
衰减器	0 dB、-20 dB、-40 dB、-60 dB	输出频率	1∶100
直流电平	-10~+10 V	—	—

函数信号发生器的使用方法如下：

① 将仪器接入交流电源，按下电源开关。

② 按下所需波形的功能开关。

③ 当需要脉冲波和锯齿波时，拉出并转动占空比调节开关，调节占空比，此时频率为原来指示值的1/10，其他状态时关掉占空比调节开关。

④ 当需要小信号输入时，按下幅度衰减开关。

⑤ 将幅度调节旋钮旋至需要的输出幅度。

⑥ 当需要直流电平时，调节直流电平使其偏移至需要设置的电平值，其他状态时关掉，直流电平将为零。

⑦ 当需要TTL信号时，从脉冲输出端输出，此电平将不随功能开关改变。

注意　① 将仪器接入交流电源之前，应检查交流电源是否和仪器所需要的电源电压相适应。

② 仪器需预热10 min后方可使用。

③ 不能将大于10 V(DC＋AC)的电压加至输出端、脉冲端和V_{CF}端(功率输出端)。

2.5　电子示波器

电子示波器的作用是把人眼无法观测的电信号直观地显示出来。示波器能观察电信号随时间的变化情况，可以直接观测信号波形、幅度、周期(频率)等基本参量，也可以观测相关信号之间的关系。

如图2.5.1(a)所示是典型的数字电子示波器面板。如图2.5.1(b)所示为VDS1022型电子示波器面板，这是一台双通道示波器，基本功能有输入通道、水平调节、垂直调节、触发调节、AUTO自动跟踪测量、运行/停止。如图2.5.1(c)所示是TDS2024型四通道示波器面板，其基本操作都是相通的。

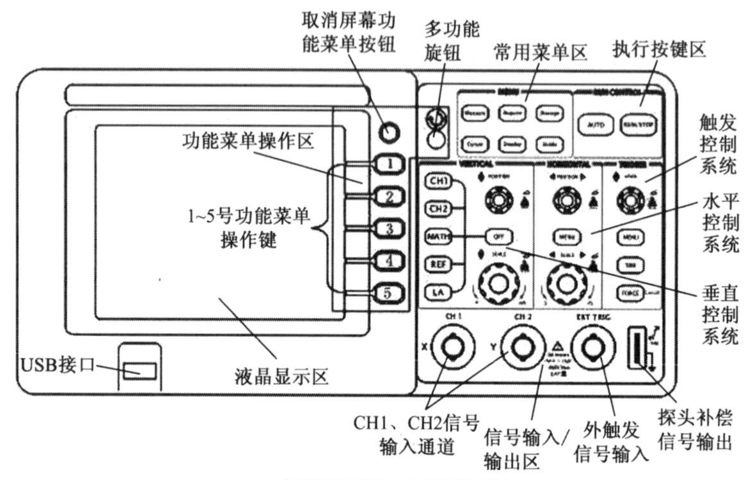

(a) 典型的数字电子示波器面板

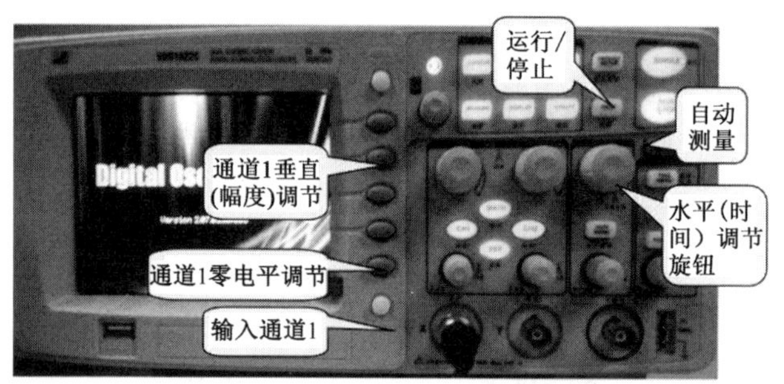

(b) VDS1022型双通道示波器面板

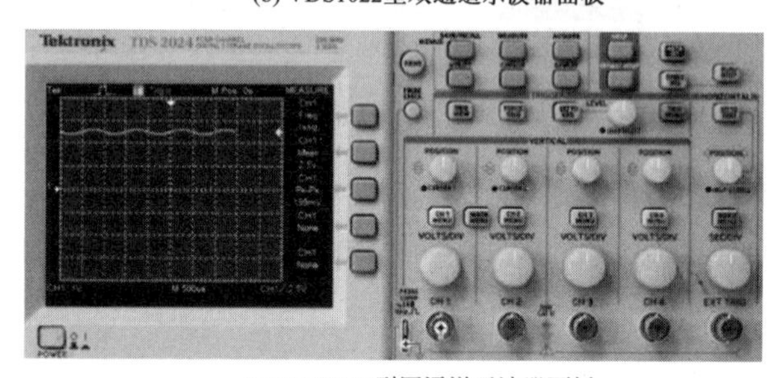

(c) TDS2024型四通道示波器面板

图 2.5.1 电子示波器面板

使用示波器时由输入通道输入被测信号，通过调节水平旋钮和垂直旋钮，合理显示观察范围，进行波形测量。对于周期信号，也可通过 AUTO 按钮自动完成波形的观测。

按下 AUTO 按钮，示波器将根据输入的信号，自动设置和调整垂直、水平及触发方式等各项控制值，使波形显示达到最适宜观察的状态。如有需要，还可进行手动调整。

RUN/STOP键为运行/停止波形采样按钮。运行(波形采样)状态时,按钮为黄色;按一下按钮,停止波形采样且按钮变为红色,有利于绘制波形并可在一定范围内调整波形的垂直衰减和水平时基;再按一下,恢复波形采样状态。

在垂直控制区,通过POSITION旋钮调节该通道"地"(GND)标识的显示位置,从而调节波形的垂直显示位置。

垂直比例SCALE旋钮调整所选通道波形的显示幅度。转动该旋钮改变"Volt/div(伏/格)"垂直挡位,同时底部状态栏对应通道显示的幅值也会发生变化。CH1、CH2、MATH、REF为通道或方式按钮,按下某按钮屏幕将显示其功能菜单、标志、波形和挡位状态等信息。

水平控制区主要用于调节水平时基,水平位置POSITION旋钮调整信号波形在显示屏上的水平位置,转动该旋钮不但波形会随旋钮水平移动,且会触发位移标志"T"在显示屏上部随之移动,移动值则显示在屏幕左下角。

水平比例SCALE旋钮调整水平时基挡位设置,转动该旋钮改变"s/div(秒/格)"水平挡位,底部状态栏Time后显示的主时基值也会发生相应的变化。

2.6　直流稳压电源

2.6.1　直流稳压电源的功能

电子设备工作时,必须使用电源作为工作动力。电视机、机顶盒等电子设备使用市电作为电源输入,设备内部有独立的整流稳压模块,产生内部电路所需的供电电压;移动式电子设备如MP3、手机等,使用电池作为电源;而在实验室搭建的电子电路系统,通常使用专门的仪器——直流稳压电源进行供电。直流稳压电源可以方便地提供常规范围内的各种直流电压,一般为−30～30 V。当然,直流稳压电源本身也是需要外部供电(市电)的。

如图2.6.1所示为实验用VD1710-3A型直流稳压电源面板示意图,具体功能可参见表2.6.1。其主要操作和性能指标如下:

① 二路独立输出 0～30 V，连续可调，最大电流为 3 A；二路串联输出时，最大电压为 60 V，最大电流为 3 A；二路并联输出时，最大电压为 30 V，最大电流为 6 A。

② 主回路变压器的副边无中间抽头，故输出直流电压为 0～30 V，不分挡。

③ 独立、串联、并联是由一组按钮开关在不同的组合状态下完成的。

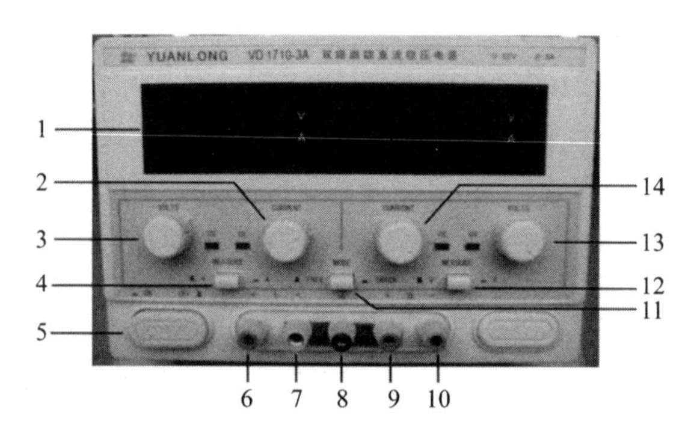

图 2.6.1 VD1710-3A 型直流稳压电源面板示意图

表 2.6.1 VD1710-3A 型稳压电源面板功能介绍

编号	功能说明	编号	功能说明
1	Ⅰ、Ⅱ路电压、电流输出显示	6、9	Ⅰ、Ⅱ路输出“+”
2、14	Ⅰ、Ⅱ路电流调节旋钮	7、10	Ⅰ、Ⅱ路输出“－”
3、13	Ⅰ、Ⅱ路电压调节旋钮	8	接地端
4、12	Ⅰ、Ⅱ路输出电压、电流选择按钮	11	跟踪模式选择按钮
5	电源开关	—	—

根据“两个不同值的电压源不能并联，两个不同值的电流源不能串联”的原则，在电路设计时，将两路 0～30 V 直流稳压电源独立工作时的电压（VOLTAGE）、电流（CURRENT）设置为独立可调，并由两个电压表和两个电流表分别指示。在用作串联或并联时，两个电源分为主路电源（MASTER）和从路电源（SLAVE）。

实验室还有其他类似形式的直流稳压电源，如固纬直流稳压电源（图 2.6.2），其操作方式和功能与上述电源基本相同。

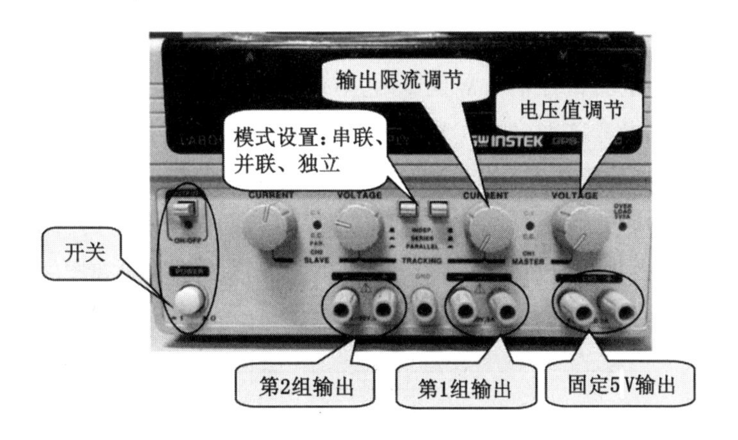

图 2.6.2　固纬直流稳压电源

2.6.2　稳压电源

使用直流稳压电源给实际电路供电时，供电要求主要受制于使用的电子元件。有时候情况多样，往往存在多种电压要求。例如，数字逻辑芯片使用单电源5 V供电，模拟器件则通常需要双电源±12 V电压供电，低压芯片用3.3 V电压供电。

总体上，供电要求可以分为单电源供电和双电源供电（正负电压）。如图2.6.3所示为电源供电拓扑示意图。其中3.3 V电压是通过内部电路进行转换获得的。

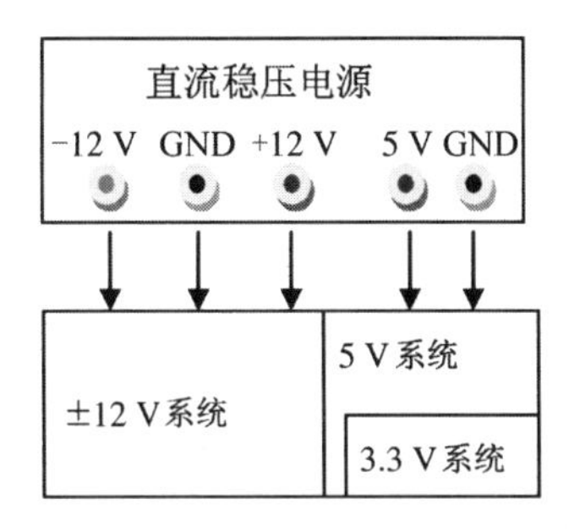

图 2.6.3　电源供电拓扑示意图

在实际应用中，初学者可以在条件允许的情况下，选择单一的供电电压，以简化电源的使用要求。在本书中，如无特别说明，将统一采用单电源电压供电，典型值为5 V，使用V_{CC}来表示。

1. 共地处理

电源在电子电路设计中非常重要，它不仅给电路提供工作的能量，也为电路的正常运行提供参考基准(地)。整个电子电路系统在运行时，必须有一个参考基准，也就是系统的零电平，称为地(GND)。通常情况下，系统只使用一个地。如果电路中有不同的系统模块和供电要求，那么这些模块各自的“地”必须连接在一起，成为一个共同的参考基准，这种连接方式称为共地。如图 2.6.4 所示，电路中的地(GND)端必须进行共地连接。

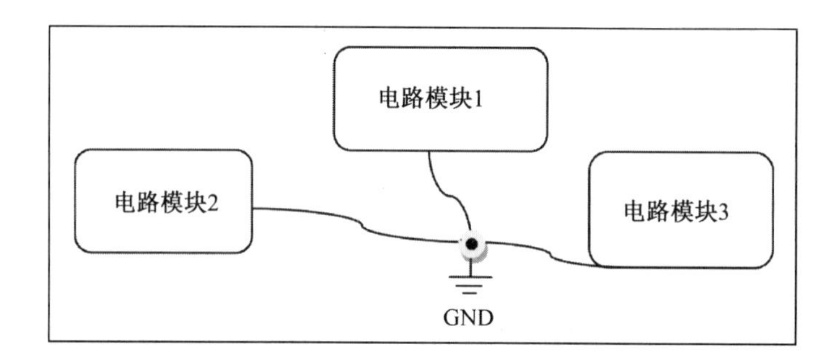

图 2.6.4　系统模块的共地连接示意图

2. 共地的意义

在电路的连接和调试过程中，仪器的接地端是否正确连接，是很重要的。如果接地端连接不正确，或者接触不良，将直接影响测量精度，甚至影响测量结果的准确性。在实验中，直流稳压电源的“地”即电路的地端，所以直流稳压电源的“地”一般要与实验板的“地”连接起来。稳压电源的“地”与机壳连接起来形成一个完整的屏蔽系统，减少外界信号的干扰，这就是常说的“共地”。

示波器的“地”应和电路的“地”连接在一起，否则看到的信号是“虚地”，是不稳定的。信号发生器的“地”也应和电路的“地”连接在一起，否则会导致输出信号不正确。特别是毫伏表的“地”，如果悬空，就得不到正确的测量结果；如果地端接触不良，就会影响测量精度。正确的做法是，毫伏表的“地”尽量直接接在电路的地端，而不要用导线连接至电路的接地端，这样可以减小测量误差。通信电子线路中的一些仪器，如扫频仪，也应和电路“共地”。另外，在模拟、数字混合的电路中，数字“地”与模拟“地”应该分开，“热地”用隔离变压器，以免互相干扰。

第3章

仿生机器鱼平台概述

本章对仿生机器鱼设计过程中运用的平台及平台模块组成进行简单的分析和介绍，这是开展仿生机器鱼控制系统设计的基础。本章内容对学生今后进行机器人开发和毕业设计的开展都有着重要的意义。

3.1 仿生机器鱼整体硬件架构

仿生机器鱼平台的主要设备是一款水中仿生机器鱼(图3.1.1),该仿生机器鱼采用仿生技术,以热带盒子鱼为原型进行设计。该产品基于北京大学十年科研基础创新研发,突破了传统无人遥控潜水器(Remotely Operated Vehicle, ROV)的有缆操控方式,可采用无线、水声通信两种通信方式。它具有续航能力强、噪声低、对环境影响程度小等优点,适合在复杂水域中运行。

图3.1.1 仿生机器鱼外观图

仿生机器鱼平台采用整体开放、局部密封的设计方式,极大地提高了各个舱体的独立性和防水安全性能。平台可分为主机舱、运动控制舱、电池舱、可拆卸尾鳍、水声遥控五大部分。

仿生机器鱼平台支持编程操作,是一个可以进行水下机器人教学、学生竞赛、高校科研的多用途扩展平台。仿生机器鱼平台搭载具有防抖功能的摄像头,可在水下稳定地拍摄物体。摄像头下方配备红外避障传感器,结合两侧的红外避障传感器(图3.1.2),仿生机器鱼平台可有效躲避水下障碍物。该设备已预留防水航插接口,可搭载不同的传感器设备,便于开展科学研究及应用拓展。

图 3.1.2　**仿生机器鱼前端传感器仓**

仿生机器鱼内部配备重心调节装置，配合 IMU（Inertial Measurement Unit，惯性测量单元）传感器（图 3.1.3），可在水下时刻保持自身姿态稳定。仿生机器鱼可通过自身的重心调节，实现在水中的上浮、下潜等功能。

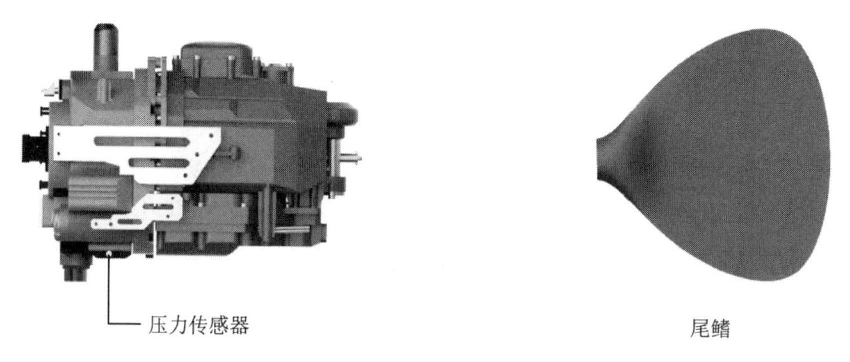

图 3.1.3　**仿生机器鱼压力传感器及尾鳍**

仿生机器鱼平台采用单关节尾鳍驱动方式，耗能小且效率高，在水下续航时间长达两个小时。

仿生机器鱼开发工具（接插件）见表 3.1.1。

表 3.1.1　仿生机器鱼开发工具（接插件）列表

配件名称	配件图片	描述
J-Link 仿真器		用于对仿生机器鱼进行程序下载及在线调试

续表

配件名称	配件图片	描述
J-Link 连接线		用于对仿生机器鱼进行程序下载及在线调试
转接板		
转接排线	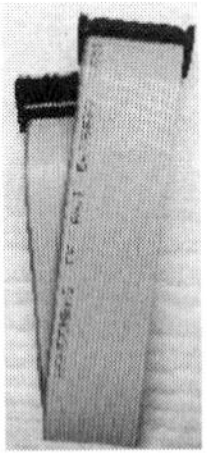	
下载线	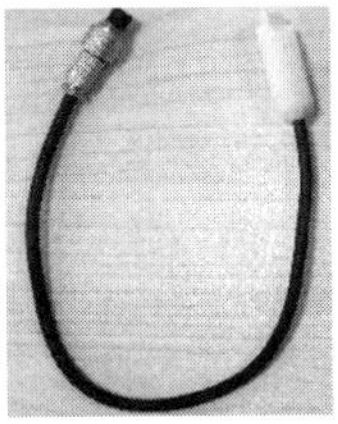	
尾鳍	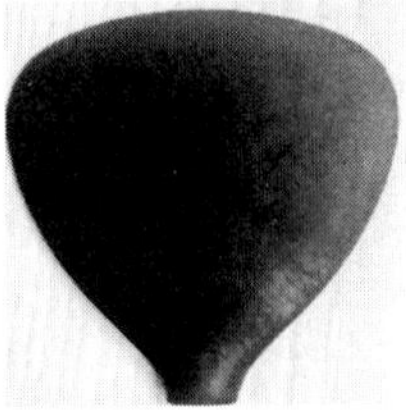	仿生机器鱼的动力来源

续表

配件名称	配件图片	描述
声波遥控器	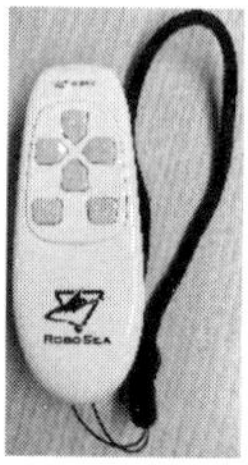	和仿生机器鱼进行声波通信
充电头、充电线		给仿生机器鱼充电使用
U 盘	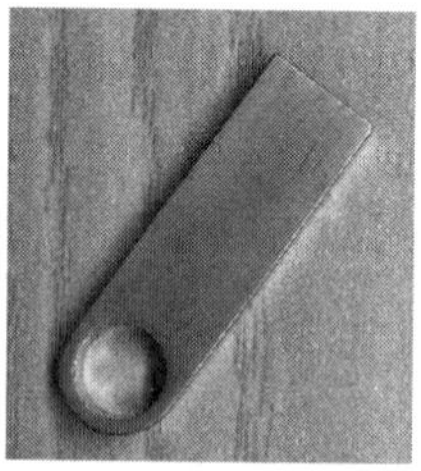	内部包含用户配套资料
产品合格证、产品手册等纸质文档		纸质资料

3.2 仿生机器鱼组件

仿生机器鱼整体分解图如图 3.2.1 所示。

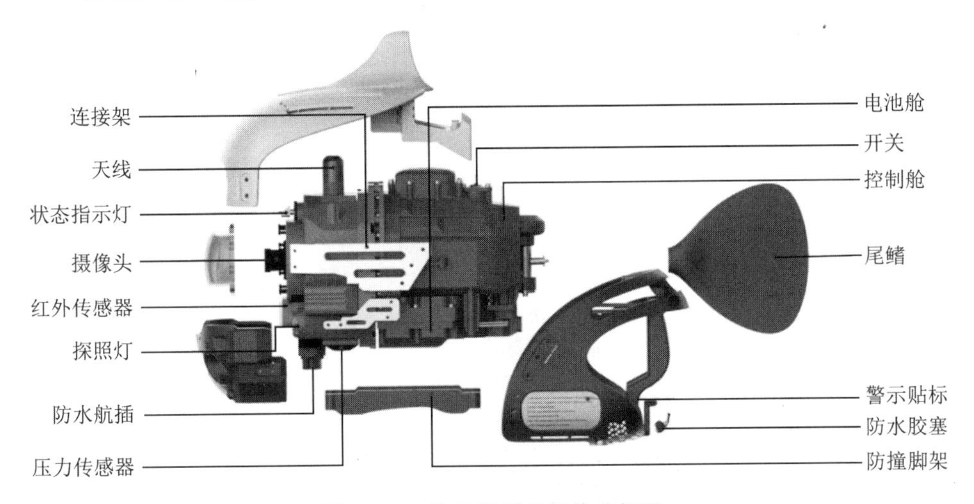

图 3.2.1　仿生机器鱼整体分解图

3.2.1　主机舱

主机舱内部包含 STM32 单片机控制电路、Nanopi 采用的 ARM9 处理器控制电路、机械防抖云台、200 万像素摄像头、红外线测距传感器、探照灯、压力传感器、温度传感器、声波传感器、防水航插接口、状态指示灯等装置。

仿生机器鱼头部的状态指示灯主要用于仿生机器鱼的电量及状态显示。蓝灯亮，表示仿生机器鱼通信，工作正常；在工作状态下红灯亮，表示电量低，需要充电；在充电过程中红灯亮，表示仿生机器鱼正在充电。在充电过程中绿灯亮，表示仿生机器鱼已充满电。

前置摄像头配合 ARM9 处理器，可实现对所拍摄物体的图像处理，如识别出所拍摄物体的颜色、计算被拍摄物体相对于仿生机器鱼的坐标位置、计算所拍摄物体的最大轮廓面积等。

主机舱配备防抖云台（图 3.2.2），采用无刷电机，结合 PID（Proportional-

Integral-Derivative，比例-积分-微分）控制算法，可有效控制因仿生机器鱼本体运动引起的镜头晃动，从而提高图像识别的准确度。

图 3.2.2　防抖云台

主机舱中央和两侧配备红外传感器（图 3.2.3），检测距离范围为 7～40 cm。仿生机器鱼在摄像头自主识别到所拍摄物体的轮廓大小之后，可结合红外传感器做出相应的避障动作。

图 3.2.3　红外传感器

主机舱配备无线传输模块（图 3.2.4），可与外设无线连接，便于数据的传输；同时配备存储模块，存储大小为 8 G，最大可扩展至 32 G。

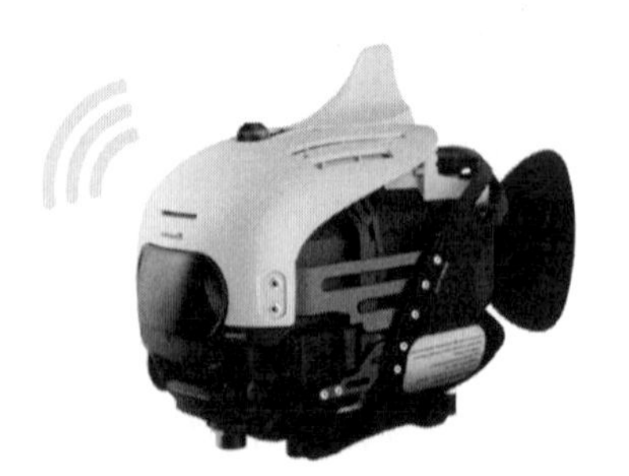

图 3.2.4　无线传输模块

主机舱底部搭载两颗高亮度探照灯(图 3.2.5),在光线昏暗的情况下,可以提高拍摄图像的清晰度。

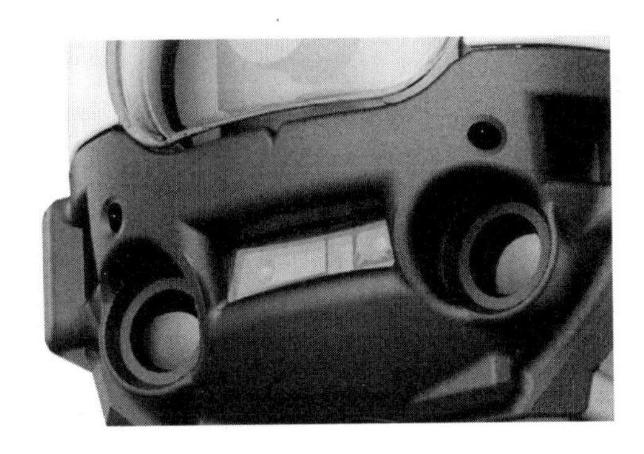

图 3.2.5　高亮度探照灯

主机舱底部预留防水航插接口(图 3.2.6),该接口有两个作用:

① 通过有线下载的方式,为设备下载程序。

② 搭载不同类型的传感器(如温度、pH 值、硝氮等传感器),从而拓展仿生机器鱼的应用功能。

搭载外设之后需对仿生机器鱼重新配平,仿生机器鱼的外壳与舱体之间留有空间,可安装调试塑料泡沫和重物铅块,重新调节使仿生机器鱼的重力与浮力平衡。

图 3.2.6　防水航插接口

主机舱底部配备高精度压力传感器(图 3.2.7),深度测量误差为±1 cm;同时配备水声传感器,用于接收遥控器发出的声波信号。

图 3.2.7 高精度压力传感器

3.2.2 运动控制舱

运动控制舱内安装重心调节装置(图 3.2.8),仿生机器鱼可根据自身姿态自动调节重心位置。当仿生机器鱼受到浪涌作用,自身姿态发生倾斜时,自动调节装置立即做出相应的重心调节动作,从而保持自身姿态的稳定。

图 3.2.8 重心调节装置

3.2.3 电池舱

电池舱(图 3.2.9)配备两节进口锂电池,电池容量为 3 180 mA,可连续工作 1.5～2.5 h;支持快速充电功能,可在 1.5 h 内充满。

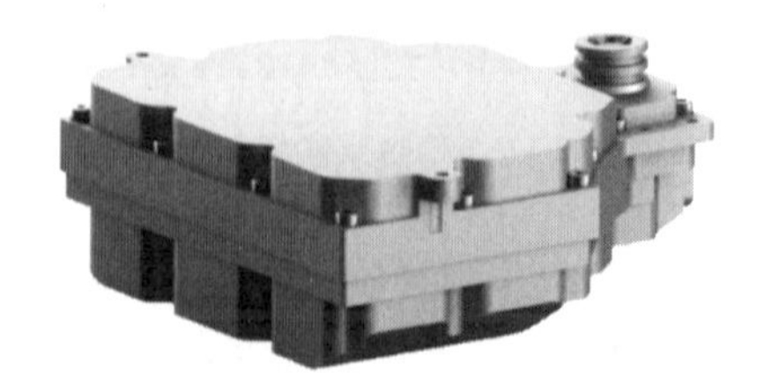

图 3.2.9 电池舱

电池舱尾部设有防水胶塞(图 3.2.10),防水胶塞内安装了仿生机器鱼的充电接口。

图 3.2.10　防水胶塞

3.2.4　尾鳍

尾鳍(图 3.2.11)由具有高韧性和高柔软度的硅胶材料制成,内含高强度合金骨架,确保了尾鳍的强度和耐久性。尾鳍采用弹簧卡口结构设计,便于拆卸和更换,可进行多种动力推进实验。

图 3.2.11　尾鳍

尾鳍的安装与拆卸方法如图 3.2.12 所示。

① 将尾鳍对准尾部连接杆插入,向内按压后以任意方向旋转 90°完成安装。

② 拆卸过程与安装过程相反,向内按压尾鳍,旋转 90°后拔出即可。

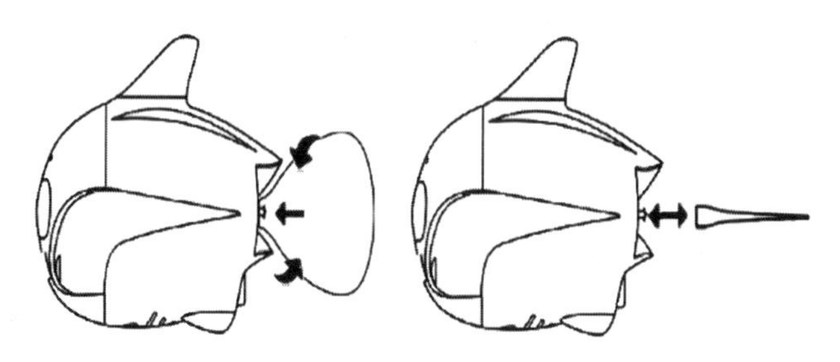

图 3.2.12　尾鳍的安装与拆卸方法示意图

3.2.5　天线

仿生机器鱼顶部含有 RF(Radio Frequency,无线射频)天线(图 3.2.13)。当仿生机器鱼处于水面以下时,可对所拍摄的图像数据进行存储。待天线浮出水面后,仿生机器鱼可通过天线与 PC(Personal Computer,个人计算机)端连接,对拍摄数据进行无线传输。

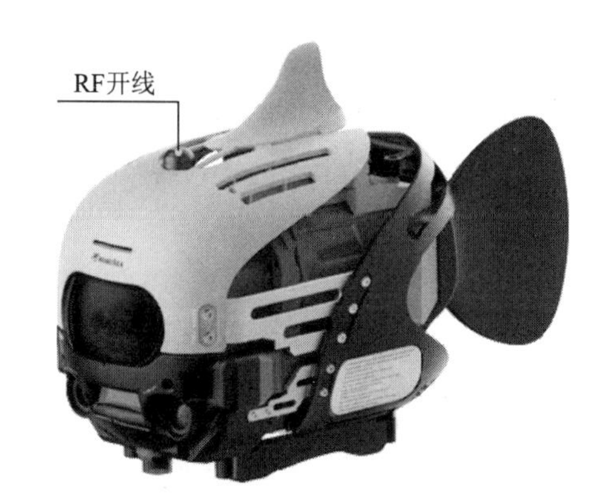

图 3.2.13　RF 天线

3.2.6　开关

(1) 开机

按下仿生机器鱼背部的开关键(图 3.2.14),此时仿生机器鱼头部的状态指示灯会亮蓝灯,之后仿生机器鱼内部开始自检(约 1 s)。当仿生机器鱼摄像头摆回到正中央位置,尾鳍摆到中央位置,底部探照灯亮闪三次之后,表示开机完成。

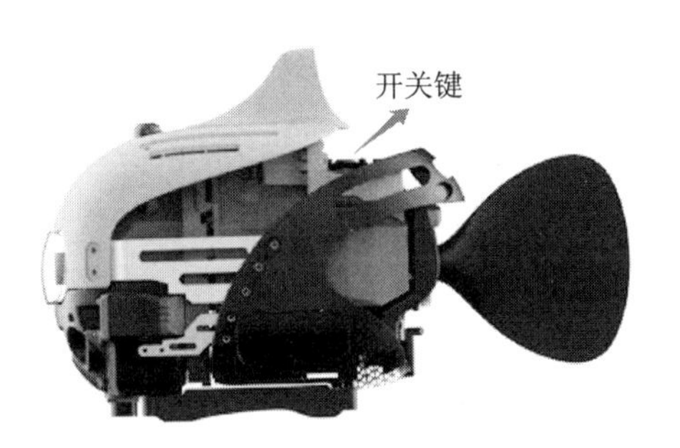

图 3.2.14　开关键示意图

（2）关机

再次按下仿生机器鱼背部的开关键，仿生机器鱼进入关机程序（约 5 s）。当仿生机器鱼头部的状态指示灯熄灭，尾鳍可用手自由拨动时，表示关机完成。

注意　① 切忌长按开关键对仿生机器鱼进行开关机。

② 若需下水实验，下水前检查航插接口是否拧紧，充电口胶塞是否塞紧。

3.2.7　声波遥控器

仿生机器鱼拥有独特的水下无线控制技术。采用水声通信原理，通过发射不同频率的声波控制仿生机器鱼做出相应的动作。声波遥控器（图 3.2.15）最大防水深度可达 30 m，水下可遥控范围达 5 m。

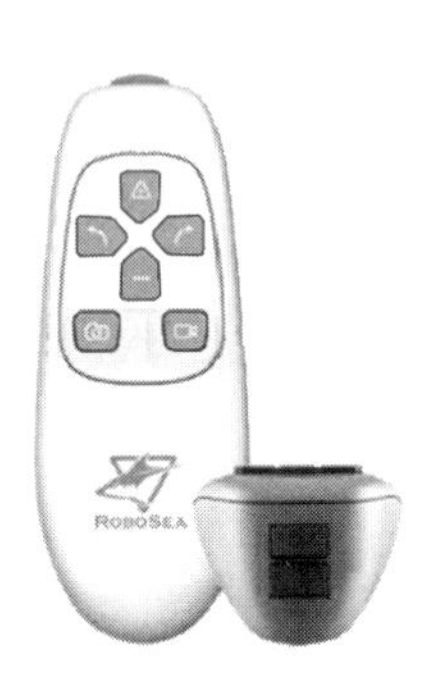

图 3.2.15　声波遥控器

声波遥控器使用说明如下：

① 遥控器开关机。

开机：长按“ ”3～5 s 开机。

关机：5 min 内未使用，遥控器将自动关机。

② 方向控制：遥控器上“ ”代表左转，“ ”代表右转，执行左、右转命令后松开按键即可继续进行直游。

③ 加速/减速控制：遥控器共5级游速，每操作一次“ ”或“—”，速度变化一级。

④ 上浮与下潜控制：长按“上浮”“下潜”键，仿生机器鱼在此过程中保持相应运动状态，当松开按键时，仿生机器鱼保持当前深度运动。

⑤ 照明灯控制：长按“ ”键为“开启/调节/关闭”照明灯，照明灯在遥控器上有强和弱两个挡位，拍照功能需自行添加。

⑥ 其他预留按钮。

注意 声波遥控器须与仿生机器鱼在相同介质中使用。

3.2.8 PC端平台

PC端平台是基于C语言的编程开发平台，提供完整的应用程序编程接口(Application Programming Interface，API)，可供学生进行程序开发。PC端界面如图3.2.16所示。

图3.2.16 PC端界面

第4章 仿生机器鱼控制函数

本章主要介绍仿生机器鱼的控制函数框架和声学范畴内的相关函数组成。

4.1 仿生机器鱼函数开发基础

4.1.1 框架说明

仿生机器鱼的配套工程框架是为了针对不同能力的用户而设计的逻辑比较简单且直观的裸机开发方式。其中前台程序为底层中断处理，后台程序开放给用户使用。后台程序说明如下：通过内部定时器对相对应的时间进行标志。后台采用轮询方式判断时间标志位来执行该时间片内的内容，这样可有效划分程序执行的次数，方便用户更容易、高效地编写代码。

例如：出厂 demo 中，先执行 Power_ON()；系统初始化函数，然后就在后台查询程序中轮询 frame_50Hz、frame_10Hz、frame_500Hz、frame_100Hz、frame_5Hz、frame_1Hz，这些时间片内的程序是否到了应该执行的时间。如在下方程序 frame_500Hz 时间片中，定时器每 2 ms 将 frame_500Hz 置 1，经过轮询进入函数后在位置(1)将标志位清空为零。通过位置(2)(3)(4)(6)记录此段程序的运行时间。可以通过仿真或者上传数据等方式了解此段程序的执行时间(其中 executionTime500Hz 输出的单位是微秒)。用户可以在位置(5)编写个人用户程序。

```
if(frame_500Hz)                    //2 ms 执行一次
{
frame_500Hz = false;               //(1)
currentTime = micros();            //获取当前时间(2)
deltaTime500Hz = currentTime - previous500HzTime;
                                   //得到时间增量(3)
previous500HzTime = currentTime;//保存当前时间(4)
                                   //此处区域编写用户程序(5)
executionTime500Hz = micros() - currentTime;
                                   //本次运算执行时间长度保存到
                                   //计算返回值时间
```

```
executionTime500Hz;           //(6)
}
```

4.1.2 数据定义

1. 舵机中值

Roll_MID:侧倾舵机中值(范围:500～2 500,中心值在 1 500 附近)。

UpDown_MID:俯仰舵机中值(范围:0～4 000,中心值在 1 500 附近)。

OFFSETANGLE:鱼尾舵机中值(范围:0～180,中心值在 90 附近)。

2. 传感器读数

g_PitchAngle[0]:俯仰角(范围:－90°～90°)。

g_PitchAngle[1]:俯仰角速度。

g_RollAngle[0]:侧倾角(范围:－90°～90°)。

g_RollAngle[1]:侧倾角速度。

g_YawAngle[0]:偏航角(范围:0°～360°)。备注:由于温漂和零漂影响,这个值有一定误差。

g_YawAngle[1]:偏航角速度。

ImuYaw:积分角度计算值。

g_Deep:压力传感器深度值(简称压传值)。

g_InfraredLeft:左侧小红外值(单位:mm,前方没有物体时一般读数是680)。

g_Distance:中间大红外值(单位:mm)。

g_InfraredRight:右侧小红外值(单位:mm,前方没有物体时一般读数是680)。

Encode:摄像头对应的角度(范围:0°～360°)。

4.1.3 前照灯设置

LIGHT:前照灯亮度值(范围:0～1 000)。

4.1.4 运动控制

g_Direction: 鱼尾偏置角设置值(范围:0°～180°)。

g_Speed: 鱼尾摆动速度设置值(范围:0°～100°)。

UpDownpwm：俯仰舵机 PWM 值。

Rollpwm：侧倾舵机 PWM 值。

g_DeepSet：深度设定值。

DeepLimit：压传值超过这个深度，认为仿生机器鱼是放入水中的。

Deepcntrl：仿生机器鱼放在水面上不下潜压传值，一般小于在水下的深度的压传值。

Zeroroll：侧倾偏置角度。

4.1.5 视觉识别

COLOR1：开启颜色检测一（对应上位机为 Red 阈值检测的范围）。

COLOR2：开启颜色检测二（对应上位机为 Gre 阈值检测的范围）。

COLOR3：开启颜色检测三（对应上位机为 Pur 阈值检测的范围）。

CenterX[Color1]：存放颜色一中心点坐标 x 值（x 坐标范围：0～320）。

CenterX[Color2]：存放颜色二中心点坐标 x 值（x 坐标范围：0～320）。

CenterX[Color3]：存放颜色三中心点坐标 x 值（x 坐标范围：0～320）。

CenterY[Color1]：存放颜色一中心点坐标 y 值（y 坐标范围：0～240）。

CenterY[Color2]：存放颜色二中心点坐标 y 值（y 坐标范围：0～240）。

CenterY[Color3]：存放颜色三中心点坐标 y 值（y 坐标范围：0～240）。

ScreenRatio[Color1]：存放颜色一占屏比（占屏比范围：0～100）。

ScreenRatio[Color2]：存放颜色二占屏比（占屏比范围：0～100）。

ScreenRatio[Color3]：存放颜色三占屏比（占屏比范围：0～100）。

4.1.6 标志位

BalanceTestFlag：平衡测试标志位。

OpenDeepControl：开启深度调节标志位。

4.1.7 接口定义函数

接口定义函数见表 4.1.1。

表 4.1.1 接口定义函数

函数原型	void Data_Ctrl(void)
功能描述	仿生机器鱼传感器数据获取(压传、红外、姿态)
输入参数	无
输出参数	g_Distance:中间大红外值 g_Deep:压力传感器深度值 g_RollAngle[0]:侧倾角 g_RollAngle[1]:侧倾角速度 g_PitchAngle[0]:俯仰角 g_PitchAngle[1]:俯仰角速度 g_YawAngle[0]:偏航角 g_YawAngle[1]:偏航角速度 g_InfraredLeft:左侧小红外值 g_InfraredRigh:右侧小红外值
返回值	无
函数例程	Data_Ctrl();

4.1.8 灯光控制类函数

灯光控制类函数见表 4.1.2。

表 4.1.2 灯光控制类函数

函数原型	void Led_Red(void)
功能描述	指示灯红灯亮、蓝灯灭
输入参数	无
输出参数	无
返回值	无
函数例程	Led_Red();
函数原型	void Led_Blue(void)
功能描述	指示灯蓝灯亮、红灯灭
输入参数	无
输出参数	无
返回值	无
函数例程	Led_Blue();

续表

函数原型	void Led_Red_Blue(void)
功能描述	指示灯红灯亮、蓝灯亮
输入参数	无
输出参数	无
返回值	无
函数例程	Led_Red_Blue();
函数原型	void Led_Off(void)
功能描述	指示灯不亮
输入参数	无
输出参数	无
返回值	无
函数例程	Led_Off();
函数原型	void High_Light(u32 Brightness)
功能描述	前照灯根据输入参数调节亮度(输入参数为0时灯灭,输入参数为1 000时灯最亮)
输入参数	Brightness:亮度值0～1 000
输出参数	无
返回值	无
函数例程	High_Light(500);

4.1.9　摄像头控制类函数

摄像头控制类函数见表4.1.3。

表4.1.3　摄像头控制类函数

函数原型	void Anti_Shake_Ctrl(float Encode_Set)
功能描述	云台防抖,摄像头调整到输入参数所对应的角度(正常情况下出厂设置为180°,摄像头就会在鱼正前方,如有偏差可以微调)
输入参数	Encode_Set:云台中心角度
输出参数	无
返回值	无
函数例程	Anti_Shake_Ctrl(180.0f);

续表

函数原型	void Send_Data_TO_Nanopi(short deep, short pitch, short roll, short yaw, short UDmotor, short ROLLmotor, short speed, short left,short mid,short right ,short User1,short User2)
功能描述	向 Nanopi 发送数据并显示在上位机上(上传 12 个变量到上位机,方便观察内部数据)
输入参数	deep:当前深度 pitch:俯仰角 roll:侧倾角 yaw:偏航角 UDmotor:俯仰舵机 PWM 值 ROLLmotor:侧倾舵机 PWM 值 Speed:当前速度值 left:小红外(左)数据 mid: 大红外数据 right:小红外(右)数据 User1:自定义变量 1 User2:自定义变量 2
输出参数	无
返回值	无
函数例程	Send_Data_TO_Nanopi((short)g_Deep,(short)g_PitchAngle[0],(short)g_RollAngle[0],(short)g_YawAngle[0],(short)UpDownpwm,(short)Rollpwm,(short)g_Speed,(short)g_InfraredLeft,(short)g_Distance,(short)g_InfraredRight ,(short)0x00,(short)0x00);
函数原型	void StopNanopi(void)
功能描述	Nanopi 关机指令
输入参数	无
输出参数	无
返回值	无
函数例程	StopNanopi();
函数原型	void Stop_Nanopi_Data (void)
功能描述	停止 Nanopi 颜色检测功能
输入参数	无
输出参数	无
返回值	无
函数例程	Stop_Nanopi_Data ();

续表

函数原型	void Start_Color_Data(u8 Color)
功能描述	开启颜色检测功能
输入参数	Color:某种颜色检测 COLOR1:开启颜色检测一(对应上位机为 Red 阈值检测的范围) COLOR2:开启颜色检测二(对应上位机为 Gre 阈值检测的范围) COLOR3:开启颜色检测三(对应上位机为 Pur 阈值检测的范围)
输出参数	无
返回值	无
函数例程	Start_Color_Data (COLOR1);
函数原型	void Color_Handle(void)
功能描述	解析 Nanopi 回传的颜色数据,存在 CenterX[3]、CenterY[3]、ScreenRatio[3]数组中
输入参数	无
输出参数	CenterX[Color1]:存放颜色一中心点坐标 x 值 CenterX[Color2]:存放颜色二中心点坐标 x 值 CenterX[Color3]:存放颜色三中心点坐标 x 值 x 坐标范围为 0～320 CenterY[Color1]:存放颜色一中心点坐标 y 值 CenterY[Color2]:存放颜色二中心点坐标 y 值 CenterY[Color3]:存放颜色三中心点坐标 y 值 y 坐标范围为 0～240 ScreenRatio[Color1]:存放颜色一占屏比 ScreenRatio[Color2]:存放颜色二占屏比 ScreenRatio[Color3]:存放颜色三占屏比 范围 0～100
返回值	无
函数例程	Color_Handle();
函数原型	void Star_Ph(u8 PhotosTime)
功能描述	根据输入参数实现拍照功能,输入参数就是拍几张照片
输入参数	PhotosTime:拍照次数
输出参数	无
返回值	无
函数例程	Star_Ph(1);

4.1.10 姿态调节类函数

姿态调节类函数见表 4.1.4。

表 4.1.4 姿态调节类函数

函数原型	void Up_Down(int SlidingBlock)
功能描述	直接调节俯仰滑块以调节鱼体姿态，输入值范围为 0～4 000，对应的滑块在 0～4 cm 范围内移动(输入参数为 0 时，滑块最靠近鱼头，鱼头最向下；输入参数为 4 000 时，鱼头偏上)
输入参数	SlidingBlock：滑块位移，值的范围为 0～4 000
输出参数	无
返回值	无
函数例程	Up_Down(2000)；
函数原型	void Pitch_Control(int SetAngle, float * Pitchfangle1)
功能描述	通过俯仰角调节控制鱼上浮或下潜，俯仰角 PID 调节，俯仰滑块通过 PID 调节使鱼体朝向设置角度游动(由于鱼体比水轻，需要配合鱼尾摆动来实现功能)
输入参数	SetAngle：设置俯仰角 * Pitchfangle1：实际俯仰角
输出参数	无
返回值	无
函数例程	Pitch_Control(30，g_PitchAngle)；
函数原型	void Deep_Control(int SetDeep, int Deep, float * Pitchfangle1)
功能描述	通过深度调节控制鱼上浮或下潜，深度 PID 调节，俯仰滑块通过 PID 调节使鱼体朝向设置深度游动(由于鱼体比水轻，需要配合鱼尾摆动来实现功能)
输入参数	SetDeep：设置深度 Deep：实际压传值 * Pitchfangle1：实际俯仰角
输出参数	无
返回值	无
函数例程	Deep_Control(g_DeepSet, g_Deep, g_PitchAngle)；

续表

函数原型	void Roll_Control(int SetPoint,float * fangle1)
功能描述	通过调节侧倾角控制鱼左右平衡,侧倾角 PID 调节,侧倾滑块通过 PID 调节使鱼体朝向设置角度保持平衡
输入参数	SetPoint:设定侧倾角 * fangle1:实际侧倾角
输出参数	无
返回值	无
函数例程	Roll_Control(ZEROROLL,g_RollAngle);
函数原型	void YAW_Update(float ag, float dt)
功能描述	通过积分计算偏航角度值(由于偏航角存在一定误差,可以在短时间内查找转过的积分角度,可知鱼体的转弯角度)
输入参数	ag:积分角速度 dt:积分时间
输出参数	ImuYaw: 通过积分计算的偏航角度值
返回值	无
函数例程	YAW_ Update (sensors. gyro500Hz [PITCH] * R2D, deltaTime100Hz * 0. 000001);
函数原型	void Fish_Tail(u16 Direct, u16 Velocity, u16 Pendulum)
功能描述	鱼尾运动控制函数,根据设定的方向角、摆幅和摆频控置鱼尾的摆动
输入参数	Direct:方向输入(55～125) Velocity:速度输入(0～100) Pendulum:摆幅输入(10～35)
输出参数	无
返回值	无
函数例程	Fish_ Tail (DIRECTION _ VALUE (g _ Direction), SPEED _ VALUE (g _ Speed), 30);

4.1.11 声波处理函数

声波处理函数见表 4.1.5。

表 4.1.5 声波处理函数

函数原型	void Sound_Handle(void)
功能描述	解析遥控器声波命令
输入参数	无
输出参数	无
返回值	无
函数例程	Sound_Handle();

4.1.12 系统类函数

系统类函数见表 4.1.6。

表 4.1.6 系统类函数

函数原型	u8 Batt_Convert(void)
功能描述	电池电量检测函数(电量小于 40%亮红灯,大于 40%亮蓝灯)
输入参数	无
输出参数	无
返回值	电量挡位
函数例程	Batt_Convert();
函数原型	void Delay_Ms(uint32_t ms)
功能描述	毫秒级延迟函数
输入参数	ms:延迟多少毫秒
输出参数	无
返回值	无
函数例程	Delay_Ms(500);

续表

函数原型	void Delay_Us(uint32_t us)
功能描述	微秒级延迟函数
输入参数	us:延迟多少微秒
输出参数	无
返回值	无
函数例程	Delay_Us(500);
函数原型	void Power_ON(void)
功能描述	开机初始化函数
输入参数	无
输出参数	无
返回值	无
函数例程	Power_ON();
函数原型	void Power_Off(void)
功能描述	关机函数
输入参数	无
输出参数	无
返回值	无
函数例程	Power_Off();
函数原型	int Key_Dispose(void)
功能描述	按键检测函数
输入参数	无
输出参数	无
返回值	按键状态(1:按键按下;0:没有按下)
函数例程	if(Key_Dispose()==1) Power_Off();

续表

函数原型	void IWDG_Feed(void);
功能描述	看门狗喂狗函数
输入参数	无
输出参数	无
返回值	无
函数例程	IWDG_Feed();

4.2 仿生机器鱼上位机使用

首先用计算机连接仿生机器鱼的 Wi-Fi,随后,打开上位机软件。仿生机器鱼的上位机平台放置在 ROBOLAB-EDU 用户配套资料→9. 调试软件→RClient 文件夹中的 Edufish。打开上位机后,单击“连接服务器”功能键(图 4.2.1),即可成功连接服务器。

图 4.2.1 连接服务器界面

4.2.1 数据上传功能

成功连接服务器后的界面如图 4.2.2 所示,其中下部框出区域显示的是仿生机器鱼回传的数据。仿生机器鱼对应的函数是 Send_Data_TO_Nanopi 函数(图 4.2.3),其中 g_Deep 表示当前深度(对应的上位机接口为 Depth),g_PitchAngle[0]表示俯仰角(对应的上位机接口为 Pitch),g_RollAngle[0]表示侧倾角(对应的上位机接口为 Roll),g_YawAngle[0]表示偏航角(对应的上位机接口为 Yaw),UpDownpwm 表示俯仰舵机 PWM 值(对应的上位机接口为 Motor1),Rollpwm 表示侧倾舵机 PWM 值(对应的上位机接口为 Motor2),g_Speed 表示鱼游速度(对应的上位机接口为 Speed),g_InfraredLeft 表示小红外(左)数据(对应的上位机接口为 Left),g_Distance 表示大红外数据(对应的上位机接口为 Mid)、g_InfraredRight 表示小红外(右)数据(对应的上位机接口为 Right)。用户也可以按自己调试需要定义回传数据并上传。

图 4.2.2　监视界面

```
Send_Data_TO_Nanopi((short)g_Deep,      (short)g_PitchAngle[0],  (short)g_RollAngle[0],  (short)g_YawAngle[0],
                    (short)UpDownpwm,   (short)Rollpwm,          (short) g_Speed,        (short) g_InfraredLeft,
                    (short)g_Distance,  (short)g_InfraredRight , (short)Encode,          (short)CommunicationFlag);
```

图 4.2.3　相关函数

4.2.2　视觉功能

调整视觉所处界面如图 4.2.4 所示。

图 4.2.4　调整视觉所处界面

调整视觉后的界面如图 4.2.5 所示。其中框 1 所示为颜色检测的阈值设置部分,用户可以通过修改阈值来修改检测颜色。其中第一行的颜色阈值对应的是程序中的 COLOR1,第二行的颜色阈值对应的是程序中的 COLOR2,第三行的颜色阈值对应的是程序中的 COLOR3。界面中圈中的部分,就是检测到的颜色。框 2 中三个数值是检测范围的中心点 x 值、中心点 y 值,以及区域的大小。视频由 320×240 个像素点组成。所以 x 的范围是 0～320,y 的范围是 0～240。有了中心点坐标,就可以知道物体相对于摄像头的位置了。

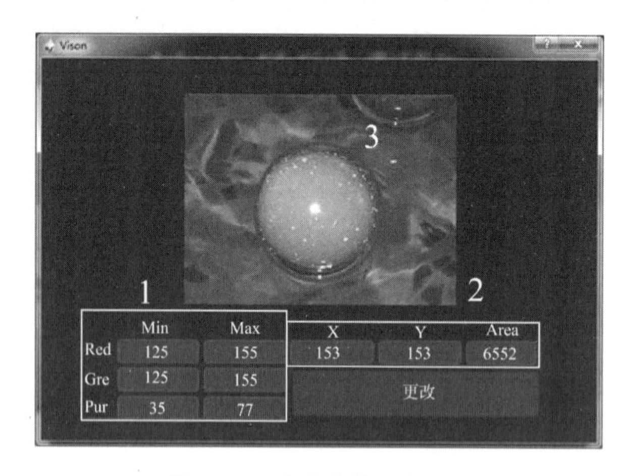

图 4.2.5　视觉参数设置界面

颜色阈值设置如图 4.2.6 所示,将 Min 和 Max 分别修改为某种颜色的 hmin 和 hmax 值就能检测到这种颜色。

	黑	灰	白	红		橙	黄	绿	青	蓝	紫
hmin	0	0	0	0	156	11	26	35	78	100	125
hmax	180	180	180	10	180	25	34	77	99	124	155
smin	0	0	0	43		43	43	43	43	43	43
smax	255	43	30	255		255	255	255	255	255	255
vmin	0	46	221	46		46	46	46	46	46	46
vmax	46	220	255	255		255	255	255	255	255	255

图 4.2.6　颜色阈值设置

仿生机器鱼开启第一组颜色检测(COLOR1 对应的阈值检测),将第一组阈值设置为 26～34,检测颜色为黄色(图 4.2.7)。再将第一组(COLOR1)阈值设置为 35 到 77,检测颜色为绿色(图 4.2.8)。

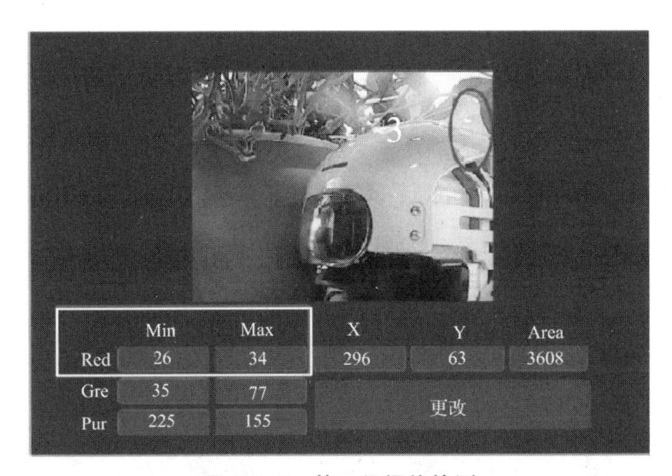

图 4.2.7　第一组阈值检测

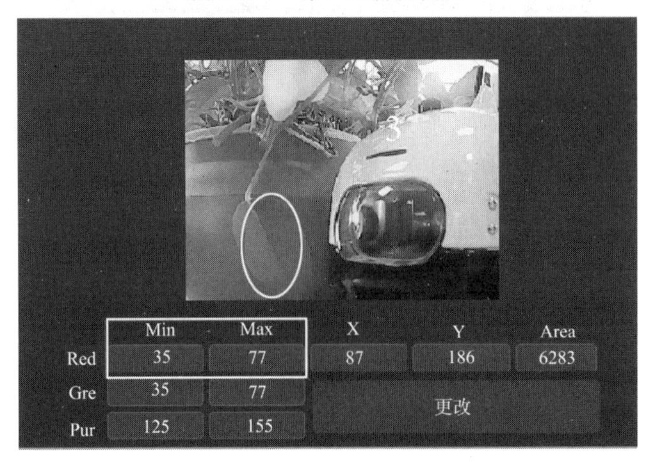

图 4.2.8　第一组阈值更改

视觉识别在仿生机器鱼内的使用：仿生机器鱼通过 Color_Handle()函数处理 Nanopi 的图像处理数据，将处理后的数据存储在 CenterX[]、CenterY[]、ScreenRatio[]三个数组中。

仿生机器鱼通过 Start_Color_Data()函数控制某颜色的开启，输入参数为 COLOR1(上位机第一行颜色阈值对应颜色检测开启)、COLOR2(上位机第二行颜色阈值对应颜色检测开启)、COLOR3(上位机第三行颜色阈值对应颜色检测开启)。例如，调用函数 Start_Color_Data(COLOR1)就是检测第一行颜色阈值对应的颜色，调用函数 Start_Color_Data(COLOR2)就是检测第二行颜色阈值对应的颜色。

4.2.3 修改 Wi-Fi 功能

服务器连接成功后，在图 4.2.9 所示的位置输入 Wi-Fi 名称和密码，再单击"修改 Wi-Fi"功能键(图 4.2.10)，重启仿生机器鱼，这时 Wi-Fi 名称和密码便设置成功。

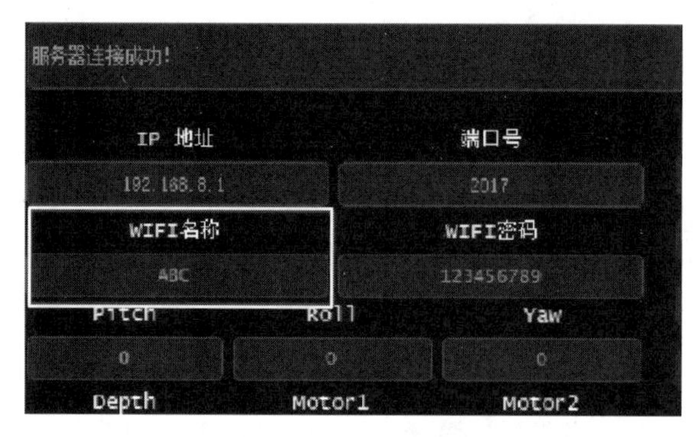

图 4.2.9　Wi-Fi 名称和密码输入

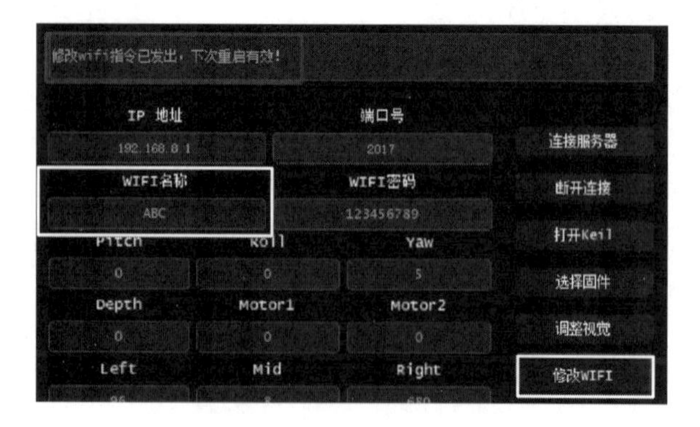

图 4.2.10　"修改 Wi-Fi"功能键

4.2.4　回传照片及删除照片功能

服务器连接成功后，单击上位机“打开照片”功能键(图 4.2.11)，这时会弹出拍摄记录文件夹(图 4.2.12)。

图 4.2.11　“打开照片”功能键

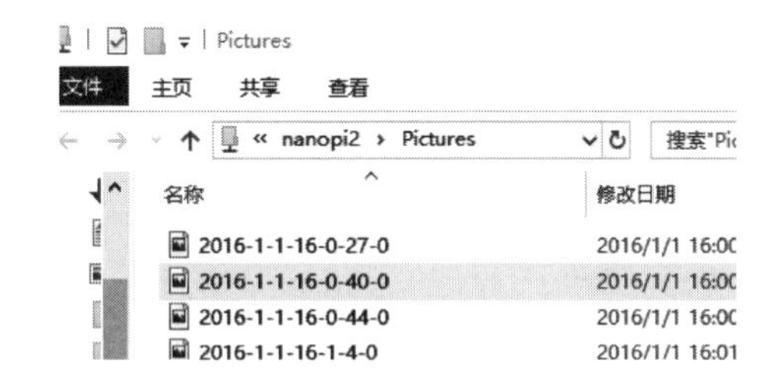

图 4.2.12　拍摄记录文件

单击上位机“清空照片”功能键(图 4.2.13)，就可以删除留存的照片。

图 4.2.13　“清空照片”功能键

第5章 仿生机器鱼平台操作

本章主要介绍仿生机器鱼平台的软件开发环境和相关函数的使用方法。

5.1　Keil5 软件安装

Keil5 软件安装步骤如下。

① 打开 Keil5 5.14 版本软件安装包，路径为 ROBOLAB-EDU 用户配套资料→8.软件安装→程序调试软件-keil→MDK5（图 5.1.1）。

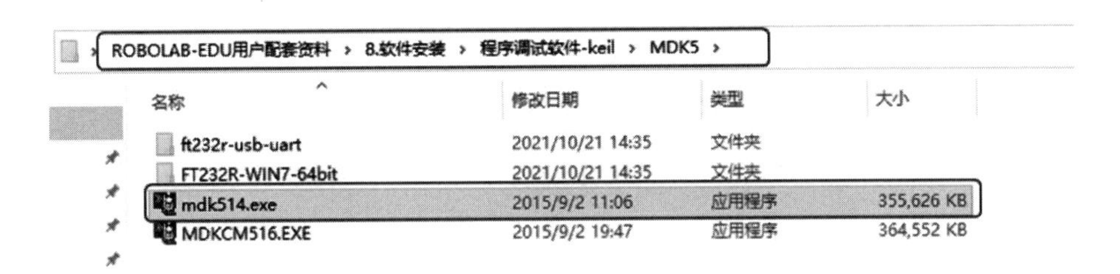

图 5.1.1　keil MDK5.14 安装

② 单击"Next"按钮（图 5.1.2）。

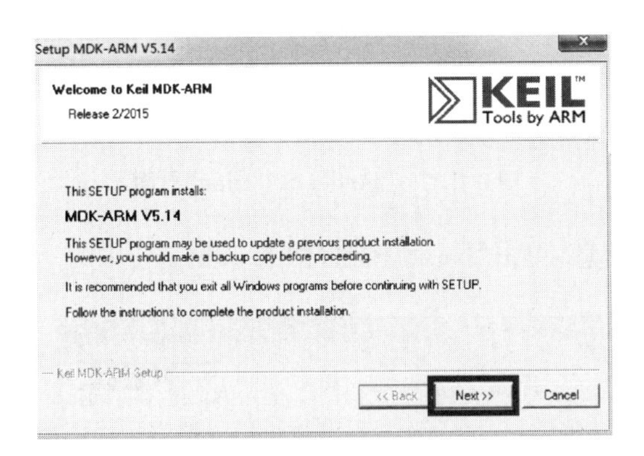

图 5.1.2　"Welcome to Keil MDK-ARM"界面

③ 勾选同意 Keil 公司的软件使用条款,单击“Next”按钮(图 5.1.3)。

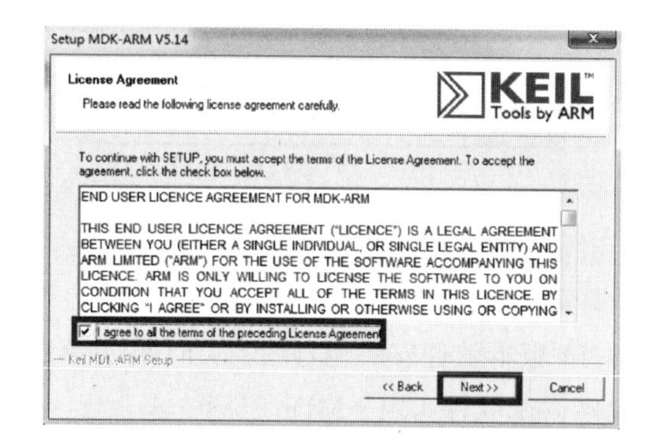

图 5.1.3 “License Agreement”界面

④ 设置好下载路径,单击“Next”按钮(图 5.1.4)。

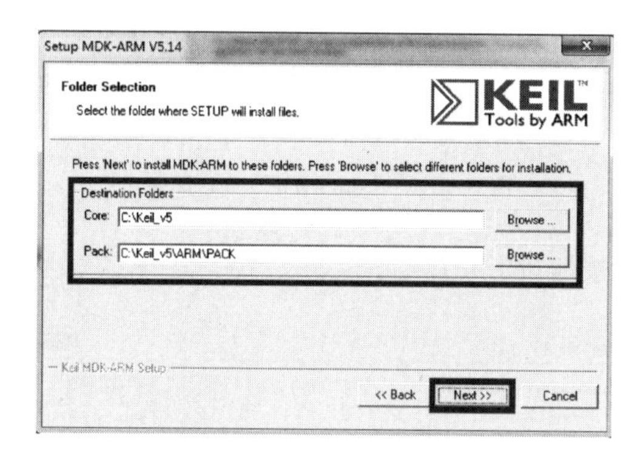

图 5.1.4 “Folder Selection”界面

⑤ 填写个人信息,单击“Next”按钮(图 5.1.5)。

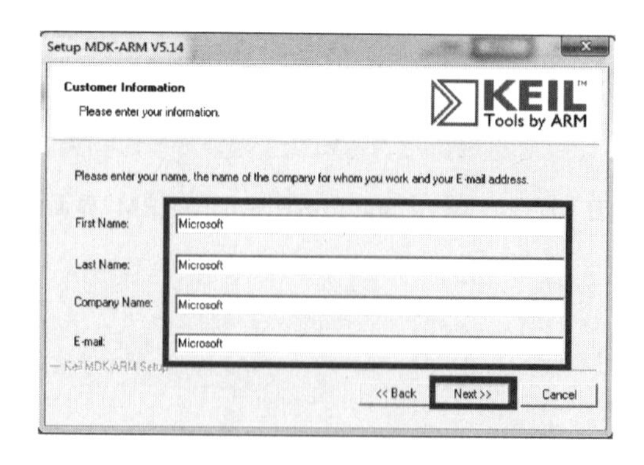

图 5.1.5 “Customer Information”界面

⑥ 等待完成，单击“Finish”按钮（图 5.1.6）。

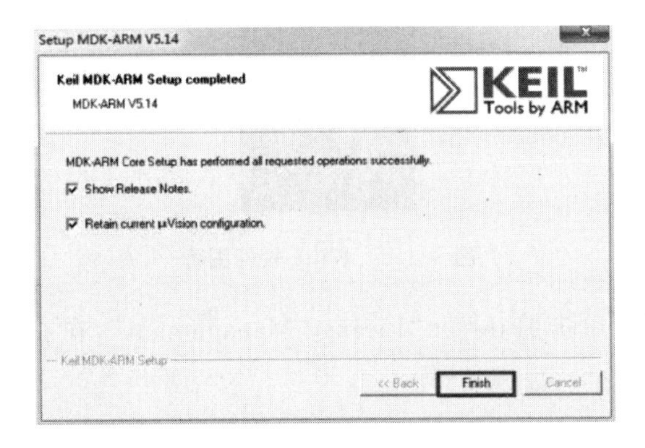

图 5.1.6　“Keil MDK-ARM Setup completed”界面

⑦ 单击关闭弹出界面（图 5.1.7）。

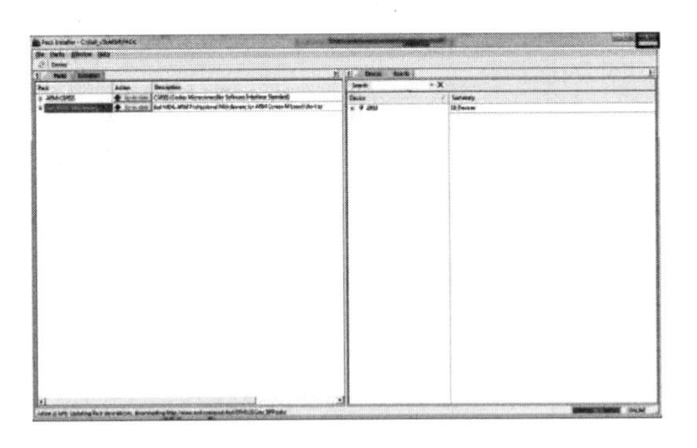

图 5.1.7　弹出界面

⑧ 安装 Keil5.16 版本安装包（图 5.1.8）。

图 5.1.8　Keil5.16 版本安装包

⑨ 安装完成后，右击 Keil5 软件图标（图 5.1.9），以管理员身份运行。

图 5.1.9　Keil5 软件图标

⑩ 打开软件，单击“File”→“License Management”，在右侧界面框中复制 ID 号（图 5.1.10）。

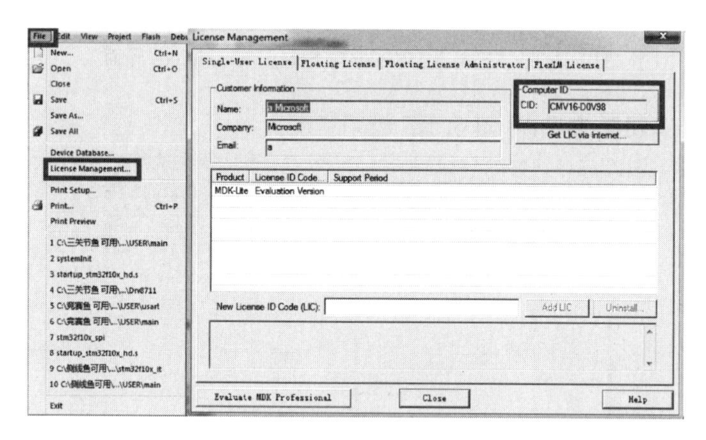

图 5.1.10　ID 设置界面

⑪ 打开 Keil 注册机（路径为 ROBOLAB-EDU 用户配套资料→9. 调试软件→RClient），把图 5.1.10 中的 ID 号粘贴到 CID 框中，选择目标为“ARM”，单击“Generate”按钮生成 License ID（图 5.1.11）。

图 5.1.11　ID 注册界面

⑫ 复制License ID到License Management界面，单击“Add LIC”按钮完成注册(图5.1.12)。

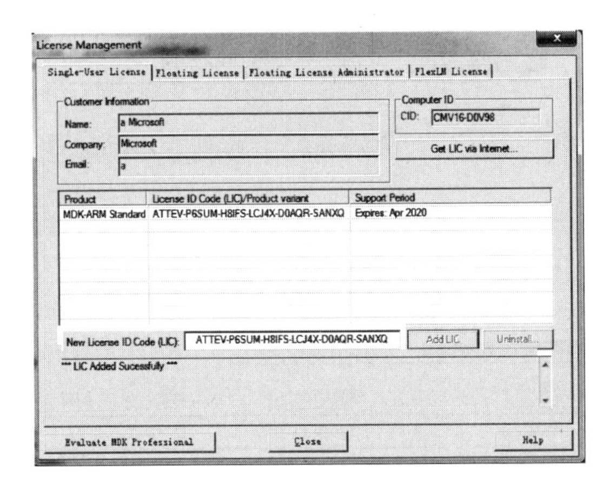

图5.1.12　License ID添加界面

⑬ 双击打开STM32F1xx_DFP库，路径为ROBOLAB-EDU用户配套资料→8.软件安装→程序调试软件-Keil(图5.1.13)。

图5.1.13　添加器件库

⑭ 在默认目录单击“Next”按钮，然后单击“Finish”按钮完成安装(图5.1.14)。

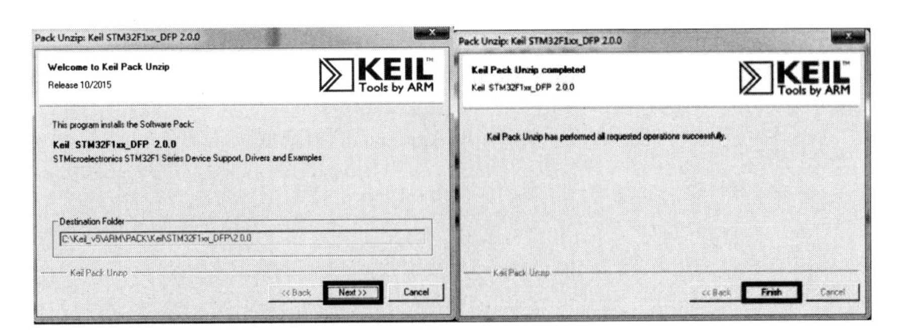

图5.1.14　添加库完成界面

5.2 J-Link 驱动安装

J-Link 安装包所在位置为 ROBOLAB-EDU 用户配套资料→8. 软件安装→下载线驱动 j-linkv498(图 5.2.1)。

图 5.2.1 J-Link 安装包

在 J-Link 驱动安装过程中，首先修改软件安装路径，然后单击“Next”按钮直到单击“Finish”按钮为止，即可正常安装。

安装步骤如图 5.2.2～图 5.2.7 所示。

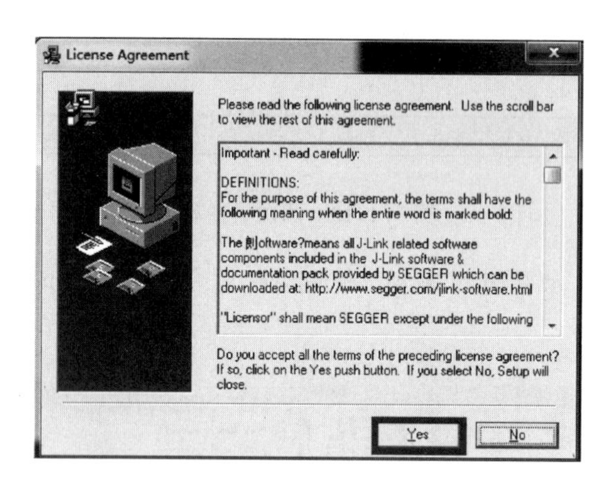

图 5.2.2 “License Agreement”对话框

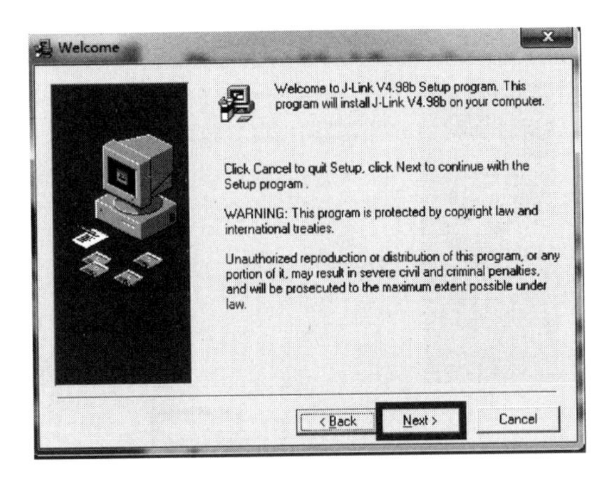

图 5.2.3　"Welcome"对话框

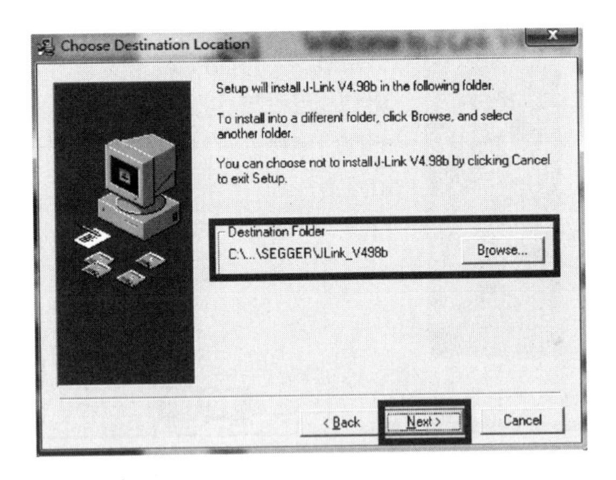

图 5.2.4　"Choose Destination Location"对话框

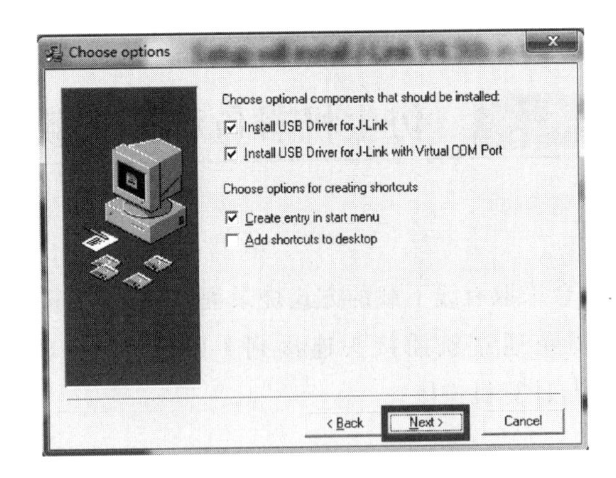

图 5.2.5　"Choose options"对话框

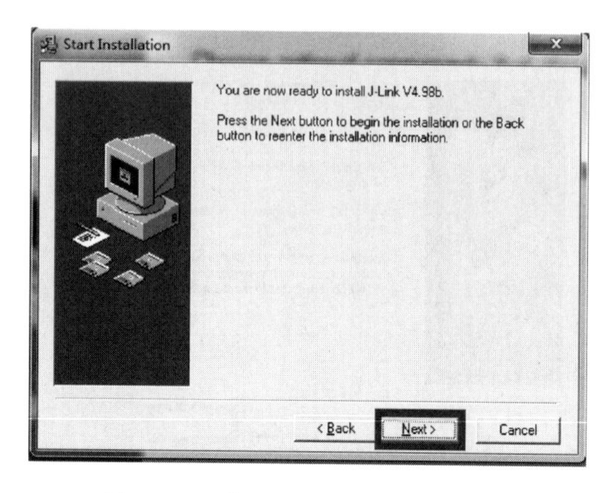

图 5.2.6 "Start Installation"对话框

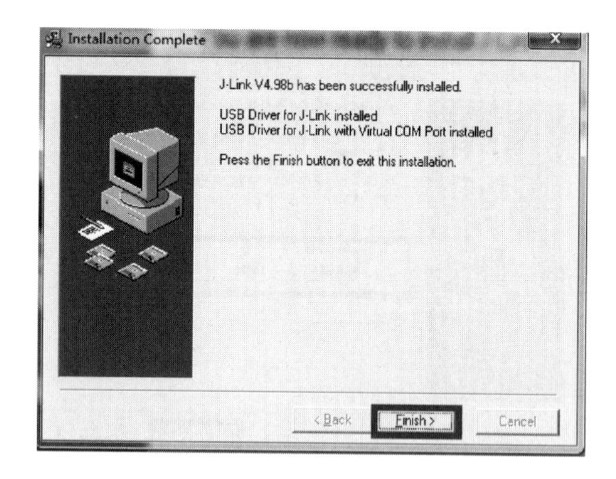

图 5.2.7 "Installation Complete"对话框

5.3 仿生机器鱼程序下载

仿生机器鱼平台采取有线下载的方式烧录程序，具体步骤如下。

① 将仿生机器鱼通过航插接头连接到 J-Link 设备（图 5.3.1），再通过 J-Link设备连接线与计算机连接。

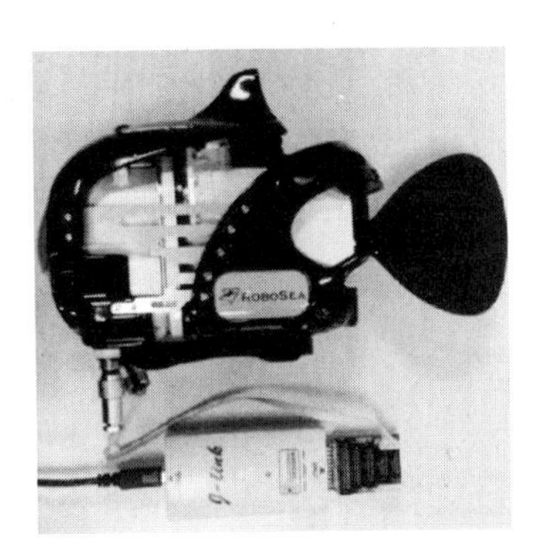

图 5.3.1　烧录前接线

② 如图 5.3.2 所示，打开仿生机器鱼《有线库函数版本》程序（路径：ROBOLAB-EDU 用户配套资料→7. 程序烧录→自主仿生机器鱼库函数→有线库函数版本）。

› ROBOLAB-EDU用户配套资料 › 7.程序烧录 › 自主仿生机器鱼库函数 › 有线库函数版本 ›

名称	修改日期	类型	大小
DebugConfig	2021/10/21 14:35	文件夹	
Listing	2021/10/21 14:35	文件夹	
Output	2021/10/21 14:35	文件夹	
RTE	2021/10/21 14:35	文件夹	
USER	2021/10/21 14:35	文件夹	
FISH.plg	2015/9/1 14:24	PLG 文件	357 KB
FISH.uvgui.admin	2016/11/23 18:54	ADMIN 文件	76 KB
FISH.uvgui.Administrator	2017/3/17 22:19	ADMINISTRATO...	140 KB
FISH.uvgui.BYGD	2017/3/17 21:16	BYGD 文件	142 KB
FISH.uvgui.huang	2017/4/3 20:46	HUANG 文件	137 KB
FISH.uvgui.pc	2016/1/22 18:38	PC 文件	145 KB
FISH.uvgui.tc	2016/6/23 10:07	TC 文件	136 KB
FISH.uvgui.tianchen	2016/1/6 22:35	TIANCHEN 文件	142 KB
FISH.uvgui_Admin.bak	2016/11/23 17:54	BAK 文件	74 KB
FISH.uvguix.admin	2019/7/31 18:06	ADMIN 文件	138 KB
FISH.uvguix.Administrator	2021/10/22 15:59	ADMINISTRATO...	137 KB
FISH.uvguix.BYGD	2017/7/29 8:57	BYGD 文件	138 KB
FISH.uvguix.fa	2018/6/25 16:12	FA 文件	84 KB
FISH.uvguix.hool	2017/7/10 16:37	HOOL 文件	161 KB
FISH.uvguix.huang	2017/4/7 15:23	HUANG 文件	73 KB
FISH.uvguix.Xiao	2017/4/4 12:27	XIAO 文件	84 KB
FISH.uvguix_hool.bak	2017/7/10 14:30	BAK 文件	160 KB
FISH.uvopt	2017/4/3 20:46	UVOPT 文件	36 KB
FISH.uvoptx	2021/10/9 17:28	UVOPTX 文件	12 KB
FISH.uvproj.saved_uv4	2017/4/3 20:46	SAVED_UV4 文件	26 KB
FISH.uvprojx	2018/11/14 11:05	µVision5 Project	18 KB
FISH_RoBSeaFish.dep	2017/7/10 16:12	DEP 文件	157 KB

图 5.3.2　有线库函数版本

③ 程序的下载按钮如图 5.3.3 所示，程序的仿真按钮如图 5.3.4 所示，用户可以根据个人需要在工程中调试、下载和仿真自己的程序。

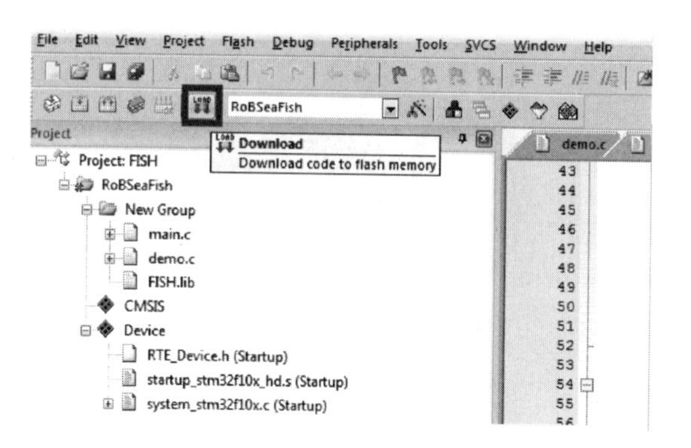

图 5.3.3　下载按钮

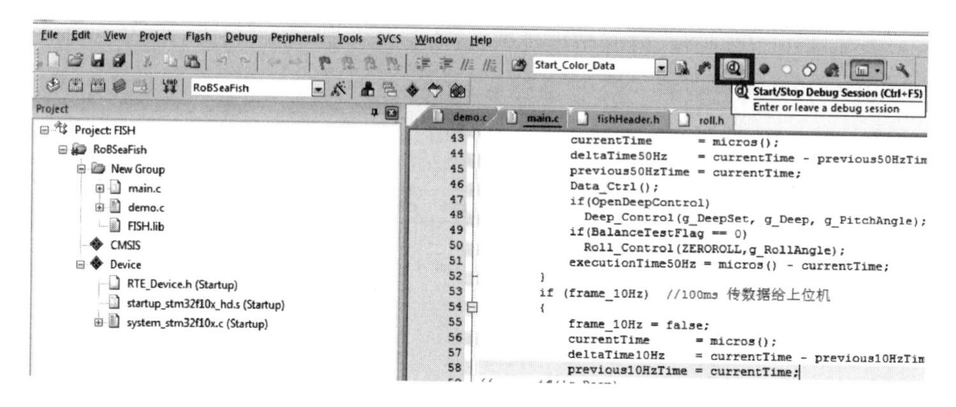

图 5.3.4　仿真按钮

5.4　仿生机器鱼舵机调参

仿生机器鱼在生产过程中由于齿轮间隙等会存在一定的结构误差，在使用的过程中，需要通过程序调整舵机中值的位置来实现仿生机器鱼的完美运行。

程序 main. c 第 24 到 26 行中的三个全局变量分别表示了侧倾舵机中值、俯仰舵机中值和鱼尾舵机角度中值（图 5.4.1）。

```
16 | Roll_MID            侧倾舵机中值      （500到2500  1500是中心值左右）
17 | UpDown_MID          俯仰舵机中值      （0到4000    1500是中心值左右）
18 | OFFSETANGLE       鱼尾舵机角度中值（0到180      90是中心角度左右）
19 | BalanceTxetFlag
20 L****************************************/
21  #include "fishHeader.h"
22  #include "demo.h"
23
24  int Roll_MID = 1500;
25  int UpDown_MID = 1500;
26  float OFFSETANGLE = 87;
```

图 5.4.1　主程序舵机中值

5.4.1　俯仰舵机和侧倾舵机调参

用户可以通过观察仿生机器鱼下水后的姿态来调节俯仰舵机和侧倾舵机的参数。

首先将图 5.4.2 中的平衡测试标志位修改为 1。将测试标志位改 1 之后的代码烧录进仿生机器鱼，再将仿生机器鱼开机后放入水中，此时仿生机器鱼是静止状态，观察仿生机器鱼侧倾和俯仰的情况。

```
28  u8 BalanceTestFlag = 0;          //出厂测试标志位 0是出厂程序 1是测试程序
```

图 5.4.2　平衡测试标志位

然后修改图 5.4.3 中第 36 和 37 行的舵机中值，其对应的是俯仰舵机的位置和侧倾舵机的位置。

```
35 |  if(BalanceTestFlag ==1)
36 |    Up_Down(1500);                                  //俯仰中值测试
37 |    Rollpwm = 1500;                                 //侧倾中值测试
```

图 5.4.3　舵机中值

最后将修改完的程序烧录进仿生机器鱼，再将仿生机器鱼开机后放入水中，再次观察仿生机器鱼侧倾及俯仰的情况。若仿生机器鱼能保持比较好的平衡姿态，则说明这两个舵机位置比较适合。若仿生机器鱼姿态仍旧不平衡，则重复上述操作，直到仿生机器鱼姿态平衡。

调参原则如下：

俯仰舵机中值的调节范围在 1 300～1 800，以百为单位调节（微调时以十为单位调节）。

① 若仿生机器鱼上仰，想使仿生机器鱼回正，就得减少俯仰舵机中值。

② 若仿生机器鱼下倾，想使仿生机器鱼回正，就得增加俯仰舵机中值。

侧倾舵机中值的调节范围在 1 400～1 600，以十为单位调节（微调时以五为单位调节）。

① 若仿生机器鱼左倾，想使仿生机器鱼回正，则需要增加侧倾舵机中值。

② 若仿生机器鱼右倾，想使仿生机器鱼回正，则需要减少侧倾舵机中值。

当仿生机器鱼体的位置达到平衡后，将 BalanceTestFlag 改回 0，再将俯仰舵机中值和侧倾舵机中值对应设置为刚才调试好的俯仰舵机值和侧倾舵机值。

5.4.2 鱼尾舵机调参

鱼尾在开机后的悬停位置是由鱼尾舵机中值决定的，鱼尾角度范围为 0～180°，一般 90°附近是正常的鱼尾舵机中值。其值越大，设置的鱼尾越往左偏（从鱼尾方向看向鱼头）。鱼尾舵机中值是通过观察仿生机器鱼下水后的运动情况来调节的。

首先需要给仿生机器鱼烧录一套直游程序（需替换当前仿生机器鱼俯仰舵机中值和侧倾舵机中值），路径为 ROBOLAB-EDU 用户配套资料→7. 程序烧录→自主仿生机器鱼直游程序（图 5.4.4）。

ROBOLAB-EDU用户配套资料 › 7.程序烧录 › 自主仿生机器鱼直游程序

名称	修改日期	类型	大小
FISH.uvguix.fa	2018/7/12 11:36	FA 文件	85 KB
FISH.uvguix.hool	2017/7/10 16:37	HOOL 文件	161 KB
FISH.uvguix.huang	2017/4/7 15:23	HUANG 文件	73 KB
FISH.uvguix.pc	2019/4/24 11:03	PC 文件	136 KB
FISH.uvguix.Xiao	2017/4/4 12:27	XIAO 文件	84 KB
FISH.uvguix_1.admin	2018/3/5 16:12	ADMIN 文件	169 KB
FISH.uvguix_1.Administrator	2017/10/22 16:23	ADMINISTRATO...	137 KB
FISH.uvguix_1.BYGD	2018/7/18 19:49	BYGD 文件	135 KB
FISH.uvguix_1.fa	2018/7/12 11:36	FA 文件	85 KB
FISH.uvguix_1.hool	2017/7/10 16:37	HOOL 文件	161 KB
FISH.uvguix_1.huang	2017/4/7 15:23	HUANG 文件	73 KB
FISH.uvguix_1.Xiao	2017/4/4 12:27	XIAO 文件	84 KB
FISH.uvguix_hool.bak	2017/7/10 14:30	BAK 文件	160 KB
FISH.uvguix_hool_1.bak	2017/7/10 14:30	BAK 文件	160 KB
FISH.uvopt	2017/4/3 20:46	UVOPT 文件	36 KB
FISH.uvoptx	2021/10/22 18:18	UVOPTX 文件	12 KB
FISH.uvproj.saved_uv4	2017/4/3 20:46	SAVED_UV4 文件	26 KB
FISH.uvproj_1.saved_uv4	2017/4/3 20:46	SAVED_UV4 文件	26 KB
FISH.uvprojx	2021/10/22 18:18	µVision5 Project	18 KB
FISH_1.plg	2015/9/1 14:24	PLG 文件	357 KB
FISH_1.uvopt	2017/4/3 20:46	UVOPT 文件	36 KB

图 5.4.4 直游程序位置

烧录完成后，开启仿生机器鱼，平稳地放入水中，观察仿生机器鱼游动的情况。若仿生机器鱼能很好地保持直游，则说明鱼尾舵机位置在正中间；若仿生机器鱼在游动过程中产生偏转，则需要调节鱼尾舵机中值，直到仿生机器鱼能很好地保持直游。

调参原则如下：

鱼尾舵机中值的调节范围大概在87～93，以1为单位调节（微调时以0.1为单位调节）。

① 若仿生机器鱼在游动过程中左偏，则说明仿生机器鱼鱼尾偏左（从鱼尾方向看向鱼头），就得减少鱼尾舵机中值。

② 若仿生机器鱼在游动过程中右偏，则说明仿生机器鱼鱼尾偏右（从鱼尾方向看向鱼头），就得增加鱼尾舵机中值。

第6章 仿生机器鱼应用场景

本章主要介绍仿生机器鱼平台的综合开发技术及应用，包括控制技术的使用和相关开发方案的设计，以及仿生机器鱼在学生竞赛、科研等方面的综合应用。

6.1 仿生机器鱼综合设计

仿生机器鱼平台以热带盒子鱼为原型，采用单关节尾翼驱动方式，如图 6.1.1 所示，将动力推进对周围环境造成的干扰降到最低，推进效率高达 80%，保证续航时间。

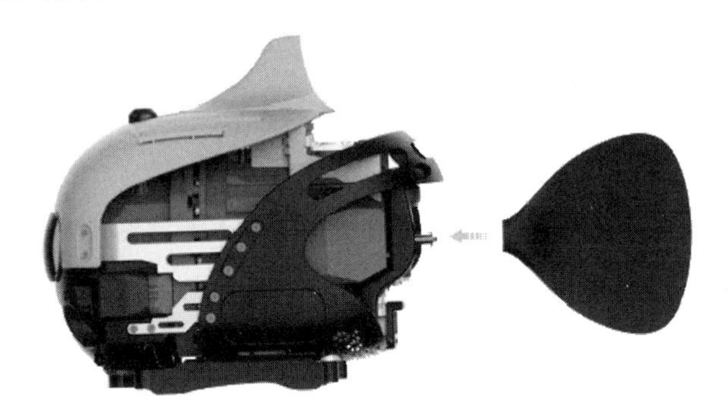

图 6.1.1　单关节尾翼结构

1. 防水技术

仿生机器鱼采用整体开放、局部密封的方式进行防水设计。即使因剧烈碰撞发生意外漏水，也能保证仿生机器鱼平台所受损失最小，且便于后期维修及更换零件。零件分解图如图 6.1.2 所示。

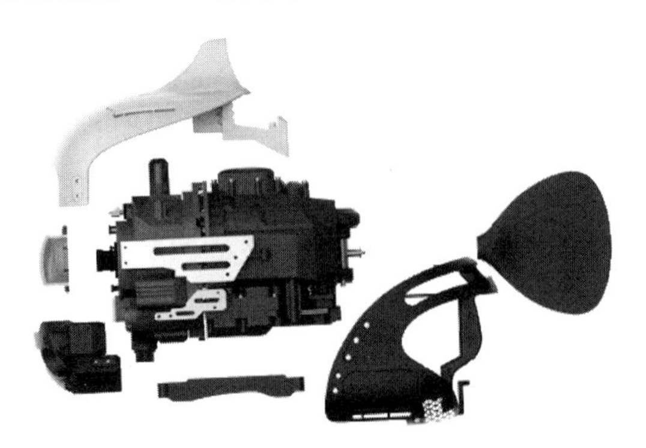

图 6.1.2　零件分解图

2. 控制模式

(1) 自主模式

当摄像头识别到水下物体时，可根据算法策略，进行躲避或者拍照，自主完成水下障碍物规避与目标物体搜索。自主模式示意图如图 6.1.3 所示。

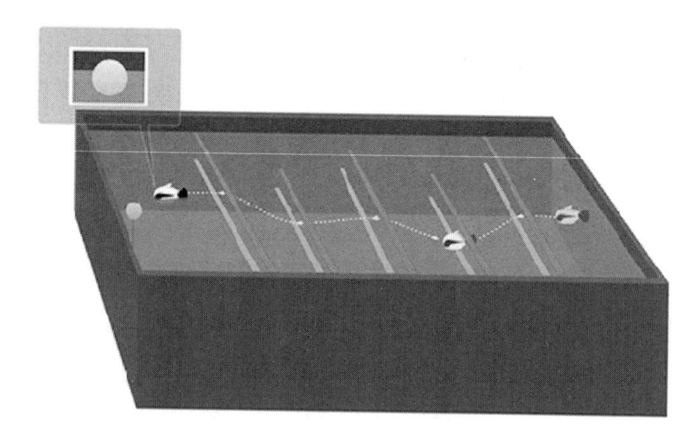

图 6.1.3 自主模式示意图

(2) 遥控模式

采用水下声波通信技术，控制仿生机器鱼平台前进、转向、上浮、下潜等功能。遥控器功能按键如图 6.1.4 所示。

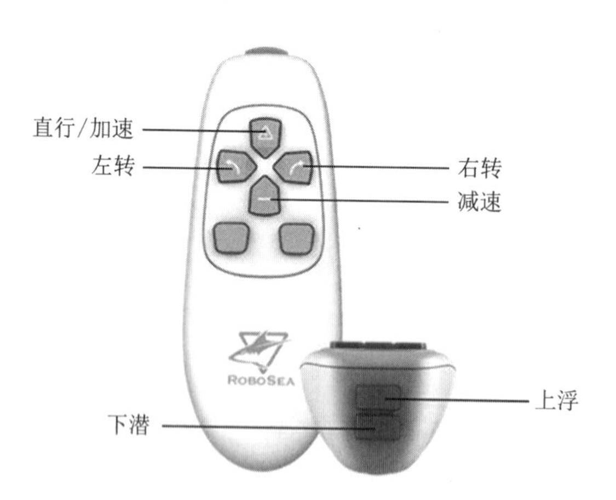

图 6.1.4 遥控器功能按键

6.2　教学与科研应用场景

1. 职业技术教育

仿生机器鱼平台属于前沿技术领域,所涉及课程覆盖电路焊接、机械设计及加工等多方面,可作为实践拓展课程融入职业技术教育中。

2. 高校科研

仿生机器鱼平台可拓展到流体力学、仿生学、运动控制理论、机械设计、电子电路、多机器人编队等多个研究领域。作为科研载体,它的研究前景广阔。

3. 中小学机器人教育

与传统机器人教育课程不同的是,仿生机器鱼平台具有生动有趣、互动性强、吸引力强等特点,可使学生对水下机器人产生浓厚兴趣。

4. 学科竞赛

高校学生可参加水下机器人大赛,通过对图像处理知识的学习,掌握图像处理的基本算法,从而实现水下物体识别和仿生机器鱼运动控制。学生可在原有API函数库的基础上编制新的程序,设计和实施新的比赛策略。

5. 发明创新应用

预留防水航插接口,可搭载温度、含氧量、pH值、硝氮等水质传感器,让学生进行拓展应用,探索水下世界。

6.3　综合开发技术参数

仿生机器鱼的开发过程受到平台和相关硬件的制约,设计过程必须符合相关硬件规格。相关硬件平台技术指标见表6.3.1。

表 6.3.1　相关硬件平台技术指标

部件	说明
仿生机器鱼平台主体技术指标	规格：272 mm×181 mm×110 mm
	自重 ：1.2 kg(含电池)
	电池：8.4 V　3 180 mA·h 锂电池
	仿生机器鱼外壳材质：PC+ABS
	耐温范围：0～70 ℃
	抗风浪等级：2 级
	充电时间：150 min
	续航时间：1.5～2.5 h
	照明灯：2 W
	存储大小：自身内存 8 G,可扩展至 32 G
	控制方式：自主控制/遥控
	压力传感器精度：±1 cm
	Wi-Fi 有效距离：5 m
	最大下潜深度：30 m
	最大运动速度：两倍体长,约 0.5 m/s
	避障传感器：红外避障;有效检测距离：7～40 cm
	图像采集：200 万像素摄像头
	数据提取：通过 Wi-Fi 传输
遥控器技术指标	自重：65 g
	有效控制距离：水下 5 m
	功能键：加速、减速、左转、右转、上浮、下潜

6.4　开发平台故障分析

开发人员在操作过程中,会遇到硬件故障或者软件调试报错,相关硬件/软件故障报错对应表见表 6.4.1。

表 6.4.1　故障报错对应表

<table>
<tr><th>故障类型</th><th>可能原因</th><th>修复方法</th></tr>
<tr><td rowspan="4">设备无法开机</td><td>设备电量不足</td><td>给设备充电 1 h 后再次尝试开机</td></tr>
<tr><td>设备内主控程序问题</td><td>给设备烧录出厂原始代码,观察设备是否能正常开机</td></tr>
<tr><td>弹簧顶针损坏,导致各舱体间无法正常供电及通信</td><td rowspan="2">联系公司售后人员,将设备返厂维修</td></tr>
<tr><td>主板损坏</td></tr>
<tr><td rowspan="3">设备充电异常</td><td>未用原装充电头给设备充电</td><td>用原装充电头给设备充电,观察充电是否异常</td></tr>
<tr><td>USB 充电接口板损坏,充电接口接触不良</td><td rowspan="2">联系公司售后人员,将设备返厂维修</td></tr>
<tr><td>电池舱损坏</td></tr>
<tr><td>设备无法成功连接调试软件</td><td rowspan="3">Nanopi 固件问题</td><td rowspan="3">联系公司售后人员,将设备返厂维修</td></tr>
<tr><td>调试软件无法正常打开照片</td></tr>
<tr><td>电脑搜不到设备 Wi-Fi 信号</td></tr>
<tr><td rowspan="3">声波传感器控制仿生机器鱼不灵敏</td><td>水质较差</td><td>更换水质较好的环境进行测试</td></tr>
<tr><td>声波传感器附上了一层水膜,导致出现了信号跨介质传输问题</td><td>去除声波传感器凹槽处水膜,再进行测试</td></tr>
<tr><td>咪头破损</td><td>联系公司售后人员,将设备返厂维修</td></tr>
<tr><td>鱼尾抖动</td><td>鱼尾舵机损坏</td><td rowspan="4">联系公司售后人员,将设备返厂维修</td></tr>
<tr><td>机身抖动</td><td>运动舱损坏</td></tr>
<tr><td>摄像头抖动</td><td>主控舱磁编码板处损坏</td></tr>
<tr><td>摄像头卡死</td><td>摄像头遮挡片与主板舱干涉</td></tr>
<tr><td rowspan="2">摄像头前罩有水雾</td><td>水下和水上温差过大</td><td>设备在水上开机一段时间,观察水雾是否消散</td></tr>
<tr><td>设备进水</td><td>联系公司售后人员,将设备返厂维修</td></tr>
</table>

参考文献

[1] 鲍洁秋.电工实训教程[M]. 北京:中国电力出版社,2015.
[2] 夏菽兰,施敏敏,曹啸敏,等.电工实训教程[M]. 北京:人民邮电出版社,2014.
[3] 顾江.电子设计与制造实训教程[M].西安:西安电子科技大学出版社,2016.
[4] 祝燎.电工学实验指导教程[M]. 天津:天津大学出版社,2016.
[5] 高有华,袁宏. 电工技术[M]. 3版.北京:机械工业出版社,2016.
[6] 毕淑娥.电工与电子技术[M]. 2版.北京:电子工业出版社,2016.
[7] 徐英鸽.电工电子技术课程设计[M].西安:西安电子科技大学出社,2015.
[8] 穆克.电工与电子技术学习指导[M].北京:化学工业出版社,2016.
[9] 李光.电工电子学[M]. 北京:北京交通大学出版社,2015.
[10] 郑先锋,王小宇.电工技能与实训[M].北京:机械工业出版社,2015.
[11] 顾涵.电工电子技能实训教程[M]. 西安:西安电子科技大学出版社,2017.